贰阅 | 阅爱·阅美好
ERYUE

让阅读走心
让阅历丰盛

停止你的内在战争

黄仕明 —————— 著

民主与建设出版社
·北京·

© 民主与建设出版社，2022

图书在版编目（CIP）数据

停止你的内在战争 / 黄仕明著 . —北京：民主与建设出版社，2022.3（2024.12 重印）
 ISBN 978-7-5139-3773-3

Ⅰ.①停… Ⅱ.①黄… Ⅲ.①人生哲学—通俗读物 Ⅳ.① B821-49

中国版本图书馆 CIP 数据核字（2022）第 042177 号

停止你的内在战争
TINGZHI NIDE NEIZAI ZHANZHENG

著　　者	黄仕明
责任编辑	刘　芳
封面设计	新艺书文化
出版发行	民主与建设出版社有限责任公司
电　　话	（010）59417747　59419778
社　　址	北京市朝阳区宏泰东街远洋万和南区伍号公馆4层
邮　　编	100102
印　　刷	文畅阁印刷有限公司
版　　次	2022 年 3 月第 1 版
印　　次	2024 年 12 月第 3 次印刷
开　　本	880 毫米 ×1230 毫米　1/32
印　　张	8.75
字　　数	187 千字
书　　号	ISBN 978-7-5139-3773-3
定　　价	68.00 元

注：如有印、装质量问题，请与出版社联系。

感恩我的老师斯蒂芬·吉利根博士,是他引领我踏上生生不息的生命旅程。

This book is dedicated to my most important teacher Stephen Gilligan Ph.D for leading me on to the generative journey.

CONTENTS **目 录**

前言 我们，在发起一场没有幸存者的"内在战争"_1

第一章
走向内在和平

有一片田野，超越是非对错之外 _003

中心 vs 世界：学会在确定性与不确定性之间跳舞 _012

意识 vs 潜意识：让潜意识主宰你的命运，这句话只对了一半 _020

内在 vs 外在：两个世界，两种改变法则 _029

个人 vs 集体：把集体的伤痛个人化，终将不堪重负 _036

练习：让生命的河流流过我们 _046

I

第二章
停战，初见旅程中的自己

羞愧：给我一张被子，我要把自己蒙上 _053

强迫：不被世界欢迎的自我 _066

抑郁：如何照亮灰色静止的世界 _076

童年伤痛：我觉得他们欠我一个道歉 _087

自我感错位：孩子不是父母自我感的延伸 _097

练习：创造性地接纳"自己" _108

第三章
聆听，连接关系中更深的渴望

原生家庭：爸爸妈妈，让我来拯救你们 _119

亲子关系：你知道我都是为了你好吗？！ _129

亲密关系：为什么我没有找一个无条件爱我的人 _137

同伴关系：你成功的时候，我心里真不是滋味 _145

练习：爱是一种技巧 _155

第四章

疗愈，四句神奇的"咒语"

早期的誓言，制造了问题 _163

症状的形成：枯死于内在的渴望，变成了症状 _173

第一句神奇"咒语"：这不是很有趣吗 _183

第二句神奇"咒语"：在这个地方，有一个存在 _191

第三句神奇"咒语"："他/她"需要你的聆听，
　　　　　　　　需要你把疗愈带给"他/她" _200

第四句神奇"咒语"：欢迎，欢迎…… _207

练习：站在自己门前欢迎自己 _213

第五章

旅程，踏上成为自己的英雄之旅

三个带来觉醒的提问 _222

清晨的微风有秘密要诉说 _230

对光明的恐惧 _238

出走半生的少年 _247

练习：通过孩子、成人、1万岁老者的视角进入世界 _254

PREFACE **前言**

我们，在发起一场没有幸存者的"内在战争"

我们内在的两种核心冲突

因为从事心理咨询工作的关系，在过去十几年，我聆听过各种各样的生命故事，很幸运，我可以成为人们旅途的同伴，他们向我敞开了生命中的问题、困惑、挑战、挣扎。

在这个历程中，我发现人们生命中的问题、困惑、挑战、挣扎，常常都集中于两个核心问题。

第一个问题是：我所想的和我体验到的不同。

· 我想快乐，但我体验到痛苦；

· 我想平静，但我总是很烦躁；

· 我想成功，但我害怕失败和丢脸；

……

第二个问题是：我想成为那个人，但我真正体验到的是自己并不是那个人。

·我想成为一个有耐心的人,可我总是发脾气;

·我想成为一个专注投入的人,但我总是拖延和分心;

·我想成为一个有活力的人,但我总是感到疲倦无力;

……

我们内心这两种冲突之间的力量,让我们发起了一场内在的战争,产生了消极想法、负面情绪和负面行为。而且,最为关键的一点是,这些冲突存在于不同的意识层面,但存在于潜意识层面的居多。

有些朋友常常对我说:"老师,我没有自信,我来见你,是希望你帮我去掉自卑。""我无法体验到平静,是因为我紧张,你能不能帮我去掉紧张?""你能不能帮我去掉恐惧?这样我就有力量、有勇气冒险了。"……

我们常常以为去掉生命里那些"坏的"东西,剩下的就会是"好的"——以为去掉了担心、无力、恐惧、烦躁,剩下的就是勇气、力量、平静、信心、热情。

这种"努力"的改变往往让我们陷入改变的陷阱,我们对自己发出一场内在的战争,而战争的形式,我们一定不陌生:我们想改变自己讨厌的状态,带着紧绷的肌肉尝试让改变发生,想把讨厌的状态从我们的生命中除掉,却又紧紧地锁住了它。

这种试着解决"问题"的努力,变成问题本身。也就是说,我们试图改变一个问题的努力,反而让问题变得更糟糕。

人们回应内在"问题"的方式,常常把小问题变成了大问题。

给脆弱一个"内在的家",它会转化为资源

一位来访者,他有一份热爱的工作,有很美满的婚姻,有一个可爱的孩子。

他感觉已经过上了曾经梦想的生活,却还是无法开心起来,无法享受和孩子在一起的时间,无法全心全意投入和妻子的关系,感觉自己充满着压力和紧绷感,所以他来找我。

在探索的过程中,他谈到自己是家里的大儿子,有一个弟弟。

弟弟最近在生意上遇到一些困难,妈妈打电话过来,要求他借钱给弟弟。但那笔钱的数额比较大,他自己也没有这么多钱,于是,父母就要求他去借钱帮助他的弟弟。

父母的要求让他非常为难,因为他自己在外打拼,和妻子担起一个家庭的生活已经非常不容易。但是,想到父母的期待,他还是硬着头皮向朋友借了一笔钱。

当他把这笔钱交给妈妈的时候,妈妈并不高兴,对他说:"如果不是我对你生气,你也不会把钱借给你弟弟!"

他轻轻地向我诉说着,眼睛泛红:"老师,我真的感觉到很受伤……"

我静静地体验着,轻轻地点点头,用一种非语言的方式让这个"受伤的自我"加入我们的关系。

没过一会儿,他接着说:"但是,我不喜欢自己这么脆弱……我应该要做一个坚强的男人……可是,我努力地装出若无其事的样子,却让我感到精疲力竭……"

我再一次点点头,带着顽皮的微笑轻轻回应道:"嗯,嗯……

那不是很有趣吗？你努力地想去掉脆弱的你，认为'他'不应该出现，和'他'对抗，反而让你精疲力竭了。"

他瞪大眼睛看着我，似懂非懂地点点头，但能感觉到他的内在有些东西开始松动，慢慢地打开……

"我不想感受受伤、脆弱，我要做一个坚强的人。"

两个不同的面向，两个相反的自我开始浮出水面。当启动其中的一面去压制另一面时，就发起了一场没有幸存者的"内在战争"。

"愿我们能给所有这些不同的'存在'、不同的内在面向一个空间，欢迎，欢迎……"

我做了一次深呼吸，把他的话轻轻地吸收进来……给这个不被接纳的"受伤的自我"一个位置，给"他"深深的尊重和善意……然后，我温和地看着他的眼睛，再一次轻轻地说道："欢迎，欢迎……"

我邀请他做一次呼吸，放松下来，去连接身体的中心，用手轻轻地触碰这个"受伤的自我"在身体内的感觉，像抚摸最心爱的宠物一样。

"在你身体里这一个地方，有一个非常重要的存在，'他'需要你的聆听……'他'需要你把疗愈带给'他'……我确信'他'是有道理的，我确信'他'是有意义的……欢迎，欢迎……"我把我所有的善意带到他的身体中心，温柔地对着他的内在说。

他渐渐地放松下来，流下了温暖的泪水……我邀请他把手继续放在连接着心的位置，并把成熟的男人的爱带到那里，邀请他对身体中心的这个存在说："我看到你了……我感觉到你……我接纳你……我爱你……"

我带领他重复说着这几句爱的"咒语"，一份美妙、静谧、安详的感受在我们之间打开了……

我们静静地坐着，感受心大大地打开，出现了深深的平静、连接、平安和完整。在这样的体验中，没有战争，没有挣扎。

最后，我邀请他把这种体验带回到他的家庭中，带回到他的工作中，带回到他跟孩子在一起的时光中，去好奇这样一种连接和体验如何让他的生活变得不同，为生命带来更多的轻松、更多的平静、更多的享受。

在我和这位来访者见面之前，脆弱、伤痛也许被认为是怪兽般的存在，要把"他"锁在地下室。现在，通过连接把"他"带到人的关系之中，触碰到人性的临在，在人类社区中"他"被赋予了正向的价值。

如果我们给脆弱、伤痛一个"内在的家"，让内在的每一个面向触碰到人性的临在，那么，脆弱、伤痛就可以转化为资源。

在生命的河流里，我们不可能避免受伤，但是我们可以选择把人性的连接带到伤痛之中，在这种高品质的连接里，我们可以体验到：伤痛最深的地方不是伤痛，悲伤最深的地方也不是悲伤，那是灵性发芽的地方，那是每一个人灵魂中最美的部分绽放在这个世界上的地方。

什么是爱？爱是完整，而不是完美

关于什么是爱，我们有很多不同的理解。

在生生不息催眠中，我们会说：完整，就是爱。

我们打开内在的空间，把生命中那些飘零的、闪闪发光的、流浪在这个星球每一个角落支离破碎的灵魂碎片吸纳进来，重新拥抱那些被推开的自我，欢迎"他们"回归完整。完整，就是爱。

这正是生生不息催眠的核心所在，不是针对生活中的一件具体事情，而是让生命中每一个不同的自我逐步回归到生命之中，让完整的自我引导生命的改变。

如同瑞士心理学家荣格所说："我情愿是完整的，也不愿是完美的，完整才会有创造力。"

催眠也有一个很美的定义：催眠，帮助你把灵魂最美的部分，带到这个世界。

借由这一本书，我希望能够带给你这样一份礼物：听见灵魂深处的声音，不需要再努力去掉"不好的""坏的"部分，而是轻柔地把生命里每一个不同的部分回归到完整，从完整进入世界，你就可以把和平带到世界里。

所以，接下来，我将围绕潜意识、自我、关系、疗愈伤痛、实现人生召唤五个方面，与你一起探索生生不息催眠的智慧，一起去建构一个完整的自己，一个充满创造力的生命。

第一章，我们会谈到完整的智慧。智慧来自和相反面之间的对话，意识和潜意识之间，个人和集体之间，内在世界和外在世界之间，阴和阳之间……而催眠创造一个空间，抱持矛盾对立的两面，就像是阴和阳在一起时，就创造了万物，完整的智慧和生生不息的创造力将会产生。

第二章，我们会谈到如何聆听潜意识中每一个自我的声音，比如羞愧、强迫、抑郁、创伤，这些症状的到来是一个信号，这个信号提醒我们内在某些重要的部分偏离了我们的生活道路。症状召唤我们把"他们"重新回归到生命的整体之中，并创造性地接纳和应用，帮助我们朝向生机勃勃的未来。当我们在生命的旅程中创造新的现实和更高的目标时，如果我们对潜意识带给我们的信号、画面、象征不排斥，不抗拒，而是去连接与聆听，那么，我们就会充满着流动性和创造力。

第三章，我们会去洞见关系中更深的渴望。亲子关系、亲密关系、原生家庭关系、重要的同伴关系，每一种关系中都有着一个更深的渴望。听不见的渴望，会枯死在内在，化为冲突、控制或者逃避，而渴望被聆听，成长和疗愈就会发生。

第四章，我们会更深入地谈到疗愈这个话题。很多人都疑问疗愈是不是要没完没了地一直挖伤痛，答案是：不是的。在生生不息催眠中，我们认为，回应伤痛的方式或者说我们和伤痛的关系，决定了伤痛是一个问题，还是可以转化为资源。四句神奇的"咒语"，帮助我们将伤痛转化为资源，我期待与你分享。

第五章，我们会谈到去听见生命深处的召唤。这也是我感触最深的一章。生而为人，你是否思考过，你来到这个世界的终极目标是什么？谈论终极目标是不是显得渺茫，不接地气？答案不仅是否定的，而且，如果你了解生命的召唤，你会生活得更加落地，更加有方向、有力量、有活力。

催眠，总是引起人们的误解。有些人认为催眠意味着拿个怀表晃一晃，一个人就可以被彻底操控；有些人认为催眠就是专治失眠，让你沉沉睡过去。而实际上，催眠是心理学发源最早的一种疗愈方法，就连弗洛伊德也会应用催眠。

现代催眠之父米尔顿·艾瑞克森是一个传奇，脊髓灰质炎（俗称小儿麻痹症）的后遗症跟随了艾瑞克森一辈子。他有过几次严重的复发，70岁后，每天早上醒来，是他身体最疼痛的时候，通常要花五六个小时来进行疼痛控制。

当时，艾瑞克森已经把主要的注意力放在教学和催眠的传承上，他的许多学生都寄宿在他家里。当他每天早上做完几个小时的疼痛控制，开始新的一天时，他都会对学生们说："在每天醒来时，我都以为活不过今天，但现在，我已经准备好去享受新的一天了。""生命是用来享受的，无论你的生命有多艰难，你都得到了这份珍贵的礼物，如果你做出承诺要享受它，那么就没有人能把这个承诺剥夺。"

人生给我们的一切，都是可以运用的，可以用于创造一个属于自己的美好人生。

无论你现在的生命体验是什么，它都可能是表层的一个小气泡……在你内心更深层的地方，有一个比它更深层的波浪，听，你要用心去倾听，并接受这个存在赠予你的礼物。

期待和你一起遇见更完整的自己，踏上生生不息的英雄之旅。

>>> 第一章
走向内在和平

中心和世界，
意识和潜意识，
内在和外在，
个人和集体，
……

矛盾的两端，同时被抱持在一个空间中，
是创造力的源始。

>>

有一片田野,它位于
是非对错的界域之外。
我在那里等你。

当灵魂躺卧在那片青草地上时,
世界的丰盛,远超出能言的范围。
观念、言语,甚至像"你我"这样的语句,
都变得毫无意义可言。

——

《有一片田野》
鲁米
梁永安 译

有一片田野，
超越是非对错之外

当我们立下一个目标时，
它的相反面也会马上成立

我的一位来访者郑文（书中的来访者都是用化名），经过多年打拼，公司发展到一个相当不错的规模。但当他来找我做咨询时，他神情疲倦，双手时不时揉搓着自己的太阳穴，眉头紧锁。

"我真的不好意思去说这些话，我怕别人都认为我疯了……"他喃喃地说着。

我说："没关系，这里没有其他人，你可以对我说吗？"

他深深地做了一次呼吸，说："我真的不想再做这家公司了，我想把公司关闭……你知道吗？每天我开车来到公司楼下后，我都需要在车里做很多次深呼吸，鼓起勇气才能到公司工作，我厌倦了，我想放弃了！"

他继续诉说着每天重复的工作无法提起他的热情和兴趣，眼睛再也无法发光,虚无感和疲惫感弥漫他的全身,想放弃,想什么都不干了。

我一边听着,一边打开身体中心,对郑文内在体验到"慢性疲劳"的部分说欢迎……我并没有说话,只是打开好奇心,温柔地调频,和他内在的体验共振,邀请他和我一起进入一种连接的、生生不息的催眠状态里。然后,我问他,在这个"慢性疲劳"的地方,"他"的需要是什么。

一个令人心痛的回答出现了:"我的身体和心都累垮了,我只想全然地放松。"

没过一会儿,他又加上一句:"但是工作对我很重要。"

目前为止,两个相反的面向浮出水面,呈现在我们的空间里——
· 我想全然地放松;
· 我想继续打拼事业,带领团队,谋求更大的发展。
这两者谁是真的,谁是假的?谁又在说谎呢?
这种两难情境,也许我们每一个人都经历过:
· 我想练习我的兴趣爱好,但是我没时间;
· 我想专注投入,但是我拖延;
· 我想更加健康,但我总是熬夜;
· 我想减肥,但我总是吃很多的垃圾食品;
……

一旦我们想要达成一个目标的时候,它的相反面就会马上成立。那么,谁是真的,谁是假的?谁又在说谎?谁是重要的,谁是不重要的？谁是"好"的，谁又是"坏"的？

对于郑文的自我身份而言，这些互补性的需求——放松和工作——二者只能留一个，排斥、对抗，用暴力对待差异的一边，于是内在的冲突就产生了。

而在生生不息催眠的核心理念中，我们认为：

· 当相反的两极不和谐时，问题和症状就产生了；

· 当相反的两极和谐时，生命就很美好。

如果我们创造一个生生不息催眠的空间，去抱持相反的两面，让它们平衡和整合，就会产生一种创造性的生活："我可以享受我的工作，以及可以放松下来。"

在这一个完整的空间里，意识心智跳出单一的真相执着，放掉紧抓的一边，让自己掉进创造性潜意识的大海中。在那里一切事物都是流动的，我们可以创造一种全新的体验，一个新的身份。然后，我们把它们带到现实中，带到工作和生活中，用以代替冲突的、分裂的自我体验，并在完整的自我中引导改变发生。

每一个负面行为背后，都有一个正面动机

我的一位老师，美国 NLP 大学执行长罗伯特·迪尔茨的故事，或许可以带给我们启发。

罗伯特的父亲有非常严重的烟瘾,几十年以来,每日两包,甚至被诊断出肺癌,他都无法戒烟,依然每天吸两包烟。

家人们对他的这种行为完全不能理解——继续吸烟,就意味着死亡。任何尚存理智的人都应该选择戒烟,但他偏偏做了最荒谬的事情,继续吸烟,弃自己的生命于不顾。

罗伯特的内心焦急不已,但也深深明白,告诉父亲吸烟有害健康,这样的说辞无法起任何作用,于是他邀请父亲和他一起进行一个探索。

罗伯特和父亲面对面坐下来。

他引导父亲说:"现在请你闭上眼睛,像平时抽烟那样,拿起香烟,点着,意识到有一丝期待……将烟慢慢地靠近嘴巴……触碰到嘴唇……深深地吸进去,再慢慢地吐出来……感觉到放松、放下……我邀请你比平时更慢一些,慢四五倍,非常慢地做这套动作,重复几次……体会每一个身体动作,每一口烟吸进身体里的感受,以及你内心深处的悸动,并去好奇——我的潜意识试着要带给我一种重要的体验,那是什么呢?我的身体告诉我一种深刻的需求,那是什么?我可以对这个学习保持打开,聆听身体的声音……"

他的父亲照做了,缓慢地做出拿起烟的姿势,举起,靠近,吐出烟圈,脸上露出惯常的愉悦和陶醉。他反复地做着,慢慢地做着。突然他说出一句话,用低沉的声音——"这是我唯一的,属于自己的时间。"

顷刻间,罗伯特被父亲烟瘾背后的正向意图深深触动了,他也完全理解了为什么父亲即使身患癌症,依然无法放弃吸烟。

在他的记忆中,父亲一直很忙很忙,他所在的行业竞争十分激烈，压力很大，而每天回到家里，他还要和母亲一起照顾他们兄弟姐妹五个。于是，这个男人，在工作的竞争与家庭的牵扯之外，残喘着给自己找到了一个时间，只属于自己的，没有任何人闯入的，抽烟的片刻时光。

"为了这种深刻的体验和需求，我连命都可以不要。"罗伯特的父亲带着微微颤抖的声音说。

每一个负面行为的背后，都有一个正面动机。
每一片乌云背后都发着金光。
·抽烟，可以满足我们放松、拥有个人空间的需求；
·熬夜，是我们在为自己创造宁静、不被打扰的时刻；
·焦虑，是提醒我们有些事情还没有做好准备，要多做准备，面对未知；
·失眠，是内在有一个部分想要醒着，想要得到一些信息才可以安心、放下；
……

这些表面看起来负面的、有损我们身心健康的行为，背后都有一个正面动机，满足着潜意识的需求。

但是，这些有着正面动机的负面行为模式，并没有真正在意识的现实世界为我们带来正向的好处。

·吸烟可以带来放松，却危害我们的健康；
·熬夜能换来片刻的宁静，却让我们积累更多的身心压力；
……

007

心理学家荣格说，潜意识总是试着找到平衡。

为了平衡我们充满压力的紧绷的状态，让我们可以放松下来，于是潜意识创造了一个吸烟上瘾的负面模式。

但是，潜意识并不知道，在意识的现实世界里吸烟是危害健康的。

为了让我们能够转化一个负面模式，比如戒烟，我们首先要去聆听潜意识的需求，也许是放松，也许是更多地回归到内在的空间，也许是和自己有更多的连接……

我们必须在正向的情境之下抱持两者（生生不息催眠是一种正向的情境）——抽烟带来的好处，戒烟带来的好处。矛盾的两者需要在一个正向的空间中都被聆听、被了解，同时，我们会看到两者都是有价值的，两者都有着独特的意义和道理。

在一个没有二元对立的地方，一个更大的整体的创造性潜意识海洋里，解除意识框架的限制，并允许潜意识的智慧自然呈现，探索更多放松的可能性……或许是童年静静地看着蚂蚁搬家的画面，或者是某一次夕阳下漫步的体验，或者是宽广无垠的天空……我们可以领受创造性潜意识的馈赠，然后用意识的头脑翻译出现实世界里的一个新模式，一个正向的行为，用以满足我们内在的需求。

有两种真相：
肤浅的真相和深刻的真相

伟大的量子物理学家尼尔斯·玻尔曾说过有两种真相：肤浅的

真相和深刻的真相。在肤浅的真相里，真实的对立面是虚假；在深刻的真相里，真实的对立面也是真实。

在罗伯特的父亲被诊断出癌症后，对他来说，肤浅的真相就是吸烟是"坏的"，戒烟是"好的"，二者是对立的两面。但是，在深刻的真相里，吸烟对罗伯特的父亲而言隐含着深层的正面动机，意味着"唯一属于自己的时间"，这时，吸烟是"好的"，戒烟也是"好的"，对立的两面都成立。

所以，在生生不息催眠中，我们要做的一件事情就是，创造一个空间，抱持对立的两面，让两者同盟，彼此贡献，使每一个部分都成为创造性团队的成员，并将其整合到一个更深层的整体之中，创造一种和谐的、高品质的身份状态，引导并发展出正向的模式。

当互补的两面同时在一个正向场景中被启动时，好的事情就会发生。

看到这里，你不妨觉察一下自己此刻的感受和体验是否有一些改变。

有一位犹太教的神父，常将双手插在口袋里，人们好奇地问道："神父，你手里捏着一个什么宝贝呢，能不能让我们看一下？"

神父把左手从口袋里伸出来，打开，上面写着：我是上帝，我是神，我是一切。神父又把右手伸出来，打开，手上面写着：我是沙，我是尘土，我什么也不是。

神父继续说："我需要把它们紧紧地捏在手心，提醒我，我是两者。"

完整的自我，其中一个生生不息的认知是：我是××，我也是-××，我是两者，同时，我还有其他的，很多，很多……

比如，"我是自信的，我也是自卑的，我是两者，同时，我还有其他的，很多，很多……""我是勇敢的，我也是懦弱的；我是真实的，我也是虚伪的；我是付出的，我也是自私的；我是两者，我还有其他的，很多，很多……"

在一种生生不息的催眠状态中——正向的情境中，同时体验两者，体验每一个不同的面向——孩子的自己，成年的自己，1万岁的自己；过去的自己，现在的自己，未来可能的自己，放在同样一个高度上予以尊重。

如荣格所说，我情愿是完整的，也不愿是完美的。

因为，完整，才有创造力。就像阴和阳在一起，同时抱持在一个空间里，这样的完整创造了万物。

所以，在接下来的这一章里，我们将更加具体地探索，如何在不同的维度体验"完整"。这是我多年在教学工作和个案工作中的领悟、体验，经过不断总结、简化、提炼，将从中心与世界之间、意识与潜意识之间、内在世界与外在世界之间、个人意识与集体意识之间这四个方面，探讨如何在看似矛盾对立的两者中找到彼此的价值、对话、贡献。

我在想象，你学习完这一章回到你的生活、工作、关系中，如果你还是下面这样的状态：

- 你想享受每一天，却体验到生气、无助；
- 你想投入工作中，却总是拖延、分心；

·你想在关系中放松,却总是争吵不休;
……

那么,你可以用你学到的理念和技能,帮助你在矛盾冲突和混乱中待一会儿,打开一个非二元对立的有创造性流动的空间,探索更多的可能性,创造更多的选择,过上你想要的美好生活。

转化的可能不在问题中,也不在目标上,而在问题与目标之间生生不息的场域里。愿我们一起体验这种更深刻的真相。

如同诗人鲁米所说:

有一片田野,它位于
是非对错的界域之外。
我在那里等你。

当灵魂躺卧在那片青草地上时,
世界的丰盛,远超出能言的范围。
观念、言语,甚至像"你我"这样的语句,
都变得毫无意义可言。

中心 vs 世界：
学会在确定性与不确定性之间跳舞

一张塔罗牌带来的启示

十几年间，我已经举办十届应用心理学大会。

回想起刚开始的时候，我战战兢兢，如履薄冰，对如何举办500多人的三天活动一无所知，从邀请演讲者到足够人数的参与者、大会流程、效果、成本……

大会进行期间，我一直处在高度紧张和焦虑中，直到第三天早上，赖佩霞老师真诚和敞开心扉地分享了她和母亲和解的成长经历，深深地打动了现场所有人。感受着会场每一个人的心打开，温暖的情感流淌着，我松了一口气，终于，这次冒险的旅程没有以失败告终。我暗暗庆幸又过了这一关，大会是成功的，然后在心里默默地祈祷着我职业生涯的成功从这里起航，一步一个台阶，从此刻开始，一帆风顺。

在接下来的活动中，我的好朋友，来自法国的阿斯卡，让现场的参与者每人抽一张塔罗牌,并在心里想着未来生命中一件重要的事情,然后翻开牌,感受牌的内容会对这件事情带来怎样的启示。

我感受着现场热烈的气氛,想着未来我的公司、我职业生涯中的发展和成功……然后翻牌,牌面上写着:"顺应生命的河流,不抵抗。"我忍不住笑出声来,突然间醒悟,我竟然无意中要去控制生命中的自然发生,希望用外在事物的确定性来对抗生命的无常变化。这不就是我常常和学生们讲的"灵性绕路"的"逃避反应"吗?

"如果有一天……我就……",这是很多人经常会冒出的想法。

如果他理解我更多,我就开心了;如果我有更多的钱,我就放松了;如果我父母更爱我,我就幸福了……为了逃开内心深处的不安、恐惧、不确定性,人们会无意识地紧紧抓住周遭的一切。

我们以为达到了心目中所谓的确定性,生活就会好,然而,害怕不确定性反而会导致不确定性。

我们为了达到确定性的努力, 反而导致了不确定性

我们生活在一个快速变化的时代,在我连续十年举办的应用心理学大会中,最近三年的主题都与不确定性有关,而且大多数参与者反馈这是吸引他们来参加大会的议题。

在谈论不确定性之前,我们必须很坦诚地回答一个问题:为什么我们害怕不确定性呢?

我想答案是，因为我们需要某种稳定力来面对和处理生活中的事务。

但常见的方式是：我们在一个特定的情境，在此关系中、工作中，保持神经肌肉锁结的崩溃状态。我们紧紧抓住僵化的信仰或信念：我们希望爱人永远如我想象中的方式去爱我，并且保持不变；我们希望事业的发展保持稳定；我们假设通过过去的经验能预测未来发生的事情。

这种神经肌肉锁结的崩溃状态背后的正面动机是：以为这样做就会给我们提供所需的稳定力和确定性。

动机是好的，但负面的崩溃状态下所产生的结果往往是负面的。

不知道你是否有这样的体验，当你想要探寻某种确定性时，你发现需要付出很多能量去维持这份确定感，任何小的变化都可能会让你感到焦虑、不安，你得到了确定性，但也错过了很多不一样的选择和风景。你发现自己不断地在同一种模式里打转，变得越来越僵化，失去流动性和创造力，只能指责和抱怨。

艾瑞克森说：人们之所以制造问题是因为僵化。

我们卡在僵化的状态中，会紧紧锁上固化的身份、局限的信念、单一的价值观：

·我这个人就是这样的；

·这个目标是无法实现的；

·工作最重要的是稳定；

……

人们对确定性上瘾，那么就注定像机器一样固定地运作，而不会成为生生不息的创造者。

回想起 28 年前，在一次出差途中，出租车师傅和我聊天，了解到我的工资有 3000 多元，他严肃认真地对我说："年轻人，千万不要换工作，拿这个工资要一直做到退休。"今天回想起来，他的善意不禁让我哑然失笑。

不是什么都需要百分百确定，我们可以带着身体中心的稳定去触碰每一个不确定的部分，拥抱不确定性的回报，会更有创造力和可能性。

那么，要如何抱持确定性与不确定性这两者呢？我想借由一个朋友的经历，来与你分享。

前段时间朋友打给我一通电话，诉说他的烦恼。他说遇到了一个能够和他一起投入生命探索，拥有许多共同话题的女人，他坚信不疑对方就是他的灵魂伴侣，于是他毅然决然地和妻子离婚，开始一段新的婚姻，组建起新的家庭。

他满心欢喜地希望和新的伴侣探寻生命的真相，过上和世俗截然不同的生活。但随着他们的两个女儿相继出生，他渐渐发现，那个曾经全力和他一起探索生命真相的伴侣，变成了一个要照顾两个孩子的妈妈。

他觉得自己很孤独，他和伴侣没有了以前那种心灵的深深连接。他知道自己应该和妻子融入平常的生活之中，但又担心平常的、琐碎的家庭生活会阻碍他的修行和探寻生命的真相。

他诉说着他的困扰，也隐隐觉得自己卡在一个旧模式里打转……

我问他："你是希望我聆听你的分享，还是想我给你提供一些建议呢？"

他说："两者。"

"那你觉得我聆听的部分足够了吗？"

电话那头传来一些笑声："我觉得足够了。"

接着，我问他："你可以告诉我，在你的生命中，什么对你来说是最重要的？"

他回答说："在生命中寻求真相，追求真相，找到心灵充分的自由。只要找到真相，哪怕充满险阻磨难，我也没有问题。"

"假如有一天，你找到了生命终极的真相，这会为你带来什么？"

他沉默了许久，说了几个不同的答案，但感觉都回答不了这个问题。突然间，他似乎从梦中醒来一样："天啊，原来我想了解一切真相，是想对我的生命有更多的确定性。"

"很高兴知道这一点……"我回应他说，"在你的生命中需要确定性……这很重要……这很重要……这是有道理的……"

我邀请他做一次呼吸，给这种内在的需要一个空间。

然后，我继续引导着他，我们一起去探索："很高兴了解到你需要确定性……同时，还有另外一个方面，我听你说，你无法融入你认为平常的生活，那么，假如你让自己融入，你害怕什么？"

"我害怕浪费时间，让我无法探索生命中那些重要的事情。"

我的直觉告诉我，这不是最深层的答案，于是继续追问："然后呢？你真正害怕的是什么呢？"

他沉默了一会儿，声音响起："我害怕失控。"

他的回答引起了我的共鸣，我们静静地在这种连接中待了一会儿……

"我邀请你做一次呼吸……把你的善意带到这个感觉害怕失控的地方……我想对这个害怕的存在说……嗨，欢迎……我确信'他'是有道理的……欢迎……"

我带领他去感受身体里这个能量升起的地方，把人性的临在带回到这个身体中心。

"我只是好奇，在你身体里的哪个地方，最容易感受到害怕失控的感觉？"

他沉默着静静地感受了一下，告诉我在心的位置。

我让他用手轻轻地触碰这个能量的身体中心，把他作为成熟的男人的爱带到这个感觉害怕的地方，和这个身体中心一起呼吸……

我邀请他一只手连接身体的中心，另一只手向世界打开……在这个身体的姿势里待一会儿，去感受和学习——如何调频连接身体中心的稳定性，并从中心进入无常变化的世界中。

面对生命的挑战，我们会一再地失去和身体中心的连接，迷失在对外在世界的控制中。但同样，我们可以一次次地练习，带着气的流动、放松、回归中心，然后再向世界敞开。练习同时拥抱两者，并且学会在确定性与不确定性的边界之间跳舞……

最后，他带着幡然醒悟的感觉说："原来真正的稳定感不是任何外物，而是在身心之中……我害怕投入到平常的家庭中，那些琐碎的事务会让我失控。我不顾一切地追求生命的终极真相，是为了对生命有更多的掌控感和确定性。原来，我害怕生命里的不确定性，我想紧紧抓住某些东西。"

连接身体中心，
在确定性与不确定性之间跳舞

如何在身体中心的稳定性和世界的变化之间学会跳舞、流动和享受，让我们的生命充满无限的创造力？

第一，我们要知道确定性是相对的，不确定性是绝对的，两者都是生命的真相。

古希腊哲学家赫拉克利特有一句名言，"人不能两次踏入同一条河流"，认为万物都处在变化之中。

一切事物都是无常的。无常才是恒常。

从生生不息的创造力的角度，我们需要两者：连接身体中心的稳定性，且带着正向意图的专注力，进入不确定性的世界之中。

第二，提高连接身体中心的能力，培养内在的确定性，以应对外界的不确定，而不是把选择权交给外界，一味地向外寻求确定感。

在生生不息催眠中，我们强调连接身体中心的重要性。

身体的中心点不仅仅是物理性的，也是心理性的。当我们在腹部丹田的位置和心脏附近的位置，感受到自己身体有一个中心点的时候，通过连接这个中心点，我们可以调频我们的专注力，使之与行动互相连接着，同时，持续地围绕着这个中心点保持连贯行动。

回归到身体中心会带给我们深深的稳定感，让意识带着放松的专注开始流动，使得我们有能力与问题同在，但又不会掉到问题里。

　　第三，拥抱不确定性，放松自己，有能力在问题与混乱里待一会儿。

　　通过连接身体中心，就算是在极度困难的深水里，你都可以保持稳定的觉察以及自我连接，能够在流动的、变化的海洋里学会游泳；让你生生不息的生命力在无常变化的世界里跳舞。

　　在通往生生不息的创造性道路上，无论是事业、关系、健康、内心状态，都需要在确定性和不确定性、稳定和流动这矛盾的两端之间寻求平衡。矛盾的两端同时被抱持在一个空间中，就是创造力的源始。

意识 vs 潜意识：
让潜意识主宰你的命运，这句话只对了一半

潜意识蕴藏无限可能性，
但并不是一个完整的心智系统

儿子已经22岁，此刻他正坐在书桌前，做着大学里电脑编程的功课。偶尔，他会和我说两句他对通过科技的创造力改变生活方式的热情。看着儿子的身影，我不禁回想起初生时的他，那个两三个月大的小婴儿，每隔三个小时就哭一次，告诉我们，他饿了。

那时尽管他还没学会任何沟通语言和技巧，但他的潜意识会驱动他发出信号，提醒有意识的成人们要喂奶了。当我拿起奶瓶在他的面前晃的时候，他的眼睛亮晶晶的，跟随着奶瓶移动。等到畅快地喝完奶，他会心满意足地咂咂嘴，露出甜甜的笑容，身体完全放松，刚刚的躁动和情绪张力转眼消失不见。

孩子，就像潜意识的存在，充满各种流动性，对一切事物敞开，

和万事万物融合在一起。一个孩子每天起码体验 N 次宇宙中所有的能量，这一秒还在哭，下一秒笑了，接着可能开始专注好奇每一种惊奇的事物……

潜意识代表着拥有任何可能性、无序性，对应到我们的生活中，潜意识触发我们产生强烈的欲望和冲动，以及天马行空的想象，推动着我们去做一些不合理甚至匪夷所思的事情。那些你想做做不到，不想做却又控制不了的行为、想法和感受，大都是受到了潜意识的影响。

弗洛伊德曾把潜意识比作一匹马，一匹马拥有强大的力量，但是如果没有一个人进行有意识地驾驭，马就只能在草原上脱缰狂奔，而无法帮助我们到达目的地。

潜意识并不是一个完整的心智系统，并非某些热门的误解那样——只要"信任你的潜意识"，成功快乐就可以发生。潜意识不是独立的智慧，它是多层次系统的一部分。

如果只有潜意识，就无法在现实的世界里为我们创造具体的、真实存在的东西。就像一个孩子，有无穷的想象力和创造力，但他的弱项是缺乏自我觉察。他无法分析一种具体的情况，快速地制定方案，比较和选择一个更好的策略，并持续地付诸行动，因此无法创造具体的现实。

记得几年前，一位 30 多岁的单亲妈妈来到我的咨询室。她刚坐下，还没有开始说话就号啕大哭起来，擦眼泪的纸巾像棉花一样丢落满地。我静静地感受着，30 多分钟过去了我都无法插话。

突然，她停止哭声望向我，带着一种命令的语气说："每天晚上我都睡不着，觉得很孤单、很害怕，现在你是我的咨询师了，如果我晚上睡不着，我就打电话给你，你要来见我！"

我内心愕然，然后很快回到中正，温柔又带点儿顽皮地对她说："很抱歉，听到你的状态不太好，但是，我们这里没有外卖。"

她听我说完，哈哈大笑起来……大笑过后，她恢复了比较平和的表情、状态，尽管泪水还残留在脸上，但她好像突然长大了一点点，从一种像是孩子哭闹的状态，回到一种有点儿自我觉察的成人状态。

我坚定又专注地看着她，带着鼓励的语气说："能够长大很好……能够作为一个成熟的女人去照顾自己内在的需要，这很好……"

接下来的咨询过程中，每一次她退行掉入婴儿一样的无意识状态时，我都会邀请她把成人的自我觉察的意识带进来。我们在两者之间的边界上跳舞。咨询结束的时候，我很明显地从她的表情中感受到她有了更多的勇气和力量。

"如果你让自我觉察的成人意识离开自己，那将是无尽的受苦时刻。"我的老师斯蒂芬·吉利根博士常常这样教导学生们。

只有动物性的潜意识的能量和表达，没有自我觉察的意识在场，那么，内在的不同面向在人类的社区里就无法被赋予人文的价值，这会给我们带来情绪泛滥、抑郁、冷漠和上瘾。

如果只有意识的孤立，没有聆听潜意识的声音，那么，我们就像机器一样运作，变得僵化和教条主义，带来更多的对抗和固执。

潜意识与意识力量的整合，才能使一个人迸发出生生不息的创造力。那么，该如何将这两部分力量整合呢？

意识与潜意识的关系，决定了不同的人生状态

神话学家约瑟夫·坎贝尔关于人生三段旅程的描述，可以更进一步让我们理解意识和潜意识的特性以及整合过程。约瑟夫·坎贝尔认为，虽然每个人的生命旅程都是独一无二的，但人的生命历程蕴含着相同的底层结构，每个人的生命都会经历"花园——荒原——花园"的旅程。

第一段生命旅程——花园的人生，通常指我们刚刚来到这个世界上，还是孩子的时候，我们天真、好奇，对万事万物敞开，与一切事物融合……

不知道你是否还记得童年的时光，放肆玩乐的状态？在运动场上、在田野里奔跑……忘记了时间和空间的存在，仿佛与天地融为一体。我们对世界充满惊奇，跪在地上看蚂蚁搬家，仰望天空中闪耀的星辰，爬树掏鸟窝……我们对一切事物都感觉新鲜，无穷的好奇心让我们乐此不疲。

花园的人生，代表创造性的潜意识心智，它是先行的，在我们意识觉知到它之前，它就已经存在，它超越时间和空间的维度，没有具体的、真实的物质形态，但是孕育着无限的潜力。

正如吉利根博士所说，潜意识是一个为了人们的创造性改变而存在的无限潜力的场域，因为潜意识可以"无中生有"——当现实世界里一种特定的模式失效时，你的潜意识里携带着许多其他可能的方法去克服和面对这个挑战。

比如，在亲密关系中，也许很多人从意识心智中理解到的爱就是：如果这个人照顾我，给我更多支持，更关心我、理解我，我就会更多地感觉到被爱。然后我们会发现，随着时间的推移，这种对爱的固化的理解方式、僵化的模式、单一的定义会制造很多问题和不快乐。

只要我们进入亲密关系，随着关系的深入和时间的推移，一切都处于变化之中，曾经对我们有效的方式，迟早都会产生改变。我们常常会听到人们说，"我感觉他变了，我感觉不被理解，我感觉不到被爱了"。

这个时候，曾经在关系中亲密的体验，现在失去了连接。不过，不必绝望，在我们的潜意识里有许多关于亲密的不同模式，等待我们探索和发现。在意识的世界里，我们只是认同了许多亲密模式中的一种，然而，在创造性潜意识里，无数其他可能性模式同时被呈现出来。催眠是一个工具，你可以用它来启动这些新的模式。在催眠里，你可以很安全地放下你的旧模式，发现新的亲密关系模式。

在我们的生命里，每一次遇到挑战时，在创造性潜意识场域里已经为我们准备好了很多可能性，帮助我们创造新的现实。

虽然，在潜意识这个无限可能性的场域之中，万物皆存可能，但到目前为止，如果没有一种自我意识的觉察把它变成现实，那不过是白日做梦。

所以在生生不息的创造性旅途上，在自我实现的道路上，我们需要意识心智。通过意识心智的翻译，我们可以把这些新的可能性运用到现实世界。

意识心智通常是用来管理和控制的。它是语言、逻辑、线性，它是设定目标、保持连贯行动、创造秩序、专注于控制和预测未来……因此，它是生活的一个重要工具，帮助我们合理地过每一天的生活，然后可靠地重复我们以前做过的事情。

意识心智是一个有自我觉察的地方，但不是一个"无中生有"，充满无限可能性和创造力的地方。

我们如果紧锁在意识心智里，就来到了约瑟夫·坎贝尔描述的第二段生命旅程，也就是荒原的人生。随着我们逐渐成长，从父母的期待、他人的眼光、社会的教育中，我们的自我意识慢慢形成，这时候，我们往往变得过度思考，卡在头脑狭小的空间里打转，对生命的惊奇失去了好奇心，习惯性地用过度思虑的方式去代替真正的生活体验。

在成人的世界里，有问题，意味着要思考更多，努力想。这种"便秘式"的思考方式让我们的头脑和身体解离，关闭了意识和潜意识之间的通道，让我们无法再聆听、连接潜意识更多的可能性和智慧，失去了创造力，在同一种负面模式或负面情绪里重复、打转……

在荒原的人生中，充斥着抱怨、指责、上瘾，人们沉溺于情绪泛滥或是药物,不停翻看手机,和真正的生命体验失去连接。

意识与潜意识的整合,让我们重新回归生命的花园

我依然记得,有一位家长带着孩子来到我的咨询室,她认为孩子有太多问题,爱玩、调皮、不用功学习……她对我说,她希望她的儿子可以成为一个有责任感、努力上进的人。

我微笑着回应这位家长:"我也想邀请你,在有着这个愿望的同时,不要扼杀了孩子的天真。"

这也是我们的第三段生命旅程,意识的整合之旅的含义,也就是约瑟夫·坎贝尔所说的重新回归到花园的人生。但是,此花园已非第一段生命旅程中的花园。

这个花园是什么呢?——带着成人成熟的自我意识和孩子般天真、流动、富有创造力的潜意识,连接、整合、互补,彼此贡献。

如果只是停留在潜意识的无限可能性,只不过是做梦;如果没有意识的参与,在现实世界中无法产生任何结果;同样,如果只是停留在意识心智,就会变得僵化,没有流动性,失掉创造力。

要想在生命中跨越挑战,梦想成真,就需要创造性地运用来自潜意识的可能性,同时运用意识心智,去设定目标、保持行动、创造意义。

两者之间互补，彼此带来贡献，更完整的智慧就得以产生，创造力正是来自意识和潜意识两者之间的对话。

那么，具体该如何操作呢？接下来我会分别通过亲密关系和亲子关系与你分享。

首先，如何运用意识和潜意识的整合，创造一种新的关系模式？你不妨跟随我，按照以下步骤做：

第一步，我们需要创造一个生生不息的场域，放掉意识头脑里单一固化的模式，并转变为正念临在的意识。

在催眠里我们的做法是，邀请你从思考的头脑调频到呼吸上……专注呼吸……放松……带着放松的专注根植于大地……安住在当下……然后连接身体的中心，并从中心向更大的场域打开……在这里打开一个创造性的场域……允许潜意识的流动，而不是陷入紧缩的状态里。

因此，第一步的重点是将注意力从思考转移到呼吸上。

第二步，在意识心智里，设定一个正向意图——"在我的生命里，我最想创造的亲密关系是……"轻柔地抱持着正向意图，把正向意图的种子带进生生不息的状态里。

第三步，带着好奇在潜意识的无限可能性里，用信任代替控制，等待更大的智慧，它来自比头脑更深的地方。在我们的潜意识里，关于爱有很多不同表达的形式和意义，不同的画面、象征……如果有一个不同的画面、象征、意义，引起你的共鸣，那么把它带到你的意识头脑里，并在你的关系中去好奇如何重新创造关于爱的体验、爱的意义、爱的关系。

亲子关系也是如此。与一个 8 岁的孩子的关系模式，显然不适用于青春期 18 岁的青少年。在我儿子 18 岁时，我们从以我为主导的"我说你听、我说你做"的垂直关系模式，转变为同盟、合作、朋友般的平衡关系模式。我为我自己做的催眠练习就是：

第一步，放下意识里旧的关系模式的紧抓，打开创造性的空间，允许潜意识的流动。

第二步，在意识层面设定正向意图："在我和孩子的关系里，我最想创造的是，放松和信任。"

第三步，在催眠里整合新的"关系自我"的身份地图。

如今儿子已经 22 岁了，我们成为无所不谈的朋友。

这也是生生不息催眠带给我们最美的一份礼物。当我们进入生生不息的催眠时，我们在意识的现实世界里退后一步，放下我们固有的身份地图，接着向创造性潜意识打开，编织新的现实地图，并通过意识心智应用到日常生活里。

生生不息催眠的工作就像是一座桥梁，连接无限可能性和具体现实两个世界。转化，发生在桥梁之间。当然，这不是一个一蹴而就的过程，也请给自己多一些理解和练习的时间。

祝愿你通过接下来的内容和练习，熟练意识与潜意识生生不息的合作和对话，彼此贡献，梦想成真。

内在 vs 外在：
两个世界，两种改变法则

内在世界，外在世界，
对应着两种完全不同的改变法则

我们慢慢地长大，当我们进入成人世界时，就不可避免地被赋予了许多角色：

· 在公司扮演好管理者的角色；

· 在课堂里扮演好老师的角色；

· 在助人工作里做好咨询师的角色；

· 在亲密关系中做好丈夫、妻子的角色；

· 在亲子关系里做好爸爸、妈妈的角色；

……

这一个个角色，帮助我们在特定的地方创造外在的现实。

外在世界是一个三维空间的世界，是讲求行动、效率和成果的地方。如果我想在外在世界有所成就，自然也需要设定目标，有策略，做计划，行动并创造结果。如果结果不如意，就需要重新策划，改变自己的行动方案，再一次朝着目标努力。外在世界，是一个努力的世界。

这也意味着，我们需要扮演好自己的每一个角色：

· 业务能力强，我们才能获得更高的工资；

· 分数高，才能进入理想的学校；

· 做个好爸爸/好妈妈，才能给孩子恰当的照顾；

……

这些在外在世界是成立的，也是必要的。

但是，除了外在世界，我们还活在另一个世界：内在世界。

内在世界的运作法则与外在世界截然不同。

在外在世界，当我们遇到问题，或创造新的目标时，我们需要付出努力和行动；而对于内在世界，当我们遇到内在的"障碍"或者期望得到内在的疗愈、改变时，我们恰恰需要相反的方式——一种"不努力"的、不用力的方式，一种"不改变"的改变方式。

看到这里，你可能会感到疑惑，为什么会需要相反的方式呢？

你不妨回想一下，在生活中有没有这样的体验，你很想改变某个外在行为，当没有成功做到时，你内心有些着急，甚至会责怪自己。你在心里告诉自己不要着急，不要自责，但这反而让你更加无法平静。

最常见的例子，在我们失眠时，睡不着觉会让我们内心有些烦乱，这时候越是想努力赶走这份烦乱，反而越焦灼。

我的老师吉利根博士是第三代催眠——生生不息催眠的创始

人。他曾经与我们分享说，他已经从事心理学教学和心理咨询超过40年，但每一次做个案或分享课程时，内在自我怀疑的声音还是会不请自来："这样做有效吗？""这样做对个案有帮助吗？"

无论在专业上多么精进，已经取得多大成功，这种自我怀疑的声音从来没有停止过。现在他快70岁了，他已经不再拒绝这些声音了，因为自我怀疑是生命旅程中完整的一部分，我们唯一能够做的是，将自我怀疑归纳到生命的整体之中，带着一个完整的自我朝向生命的每一天。

然而，当我们误用应对外在世界的努力和效率，处理内在世界的"问题"时，我们头脑的"聪明"往往就会非常讨厌内在"不聪明"的那个自己。头脑的"聪明"会想尽办法去掉内在"不够聪明""不够好"的部分。

用这样的努力，我们对内在那个"不够聪明""不够好"的自己施加了更多的压力，我们变得越来越有紧绷感、越来越焦躁，失去耐心，想要放弃，责怪自己，也责怪他人，责怪这个世界，进入一个恶性循环之中。

对待内在"负面"的声音，我们要像鲁米的一首诗《客栈》所写的那样：

做人就像是一家客栈，
每一个早晨，都是一位新到的客人。
喜悦、沮丧、卑鄙，
一瞬间的觉悟来临，

就像一位不速之客。

欢迎和招待每一位客人！

即使他们是一群悲伤之徒，

来扫荡你的客房，

将家具一扫而光，

但你还是要款待每一位宾客。

他或许是在为你打扫，

给你带来新的欢乐。

即便是阴暗的思想、羞耻和怨恨，

你也要在门前笑脸相迎，

邀请他们进来。

无论谁来，都要感激，

因为每一位都是世外派来的指引你的向导。

吉莉 译

或许这一刻，光临你内心客栈的是"我不够好"的声音，是"自卑""挫败"，或是自我怀疑。

无论是什么，如果你可以友善地对待内在的那个"他/她"，和"他/她"喝茶，和"他/她"跳舞，把人性的连接重新带回到"他/她"那里，那将会带给你意想不到的礼物。

玛莎·格雷厄姆是一位非常有名的现代舞舞蹈家。

有一次，一个学生问她："老师，我怎样才可以做得比别人更好？"

她回答说:"你根本问了一个错误的问题,如果你觉得你比别人好,你是错的。如果你觉得你比别人差,你也是错的。你唯一需要去做的就是聆听自己的声音,跳自己的舞蹈。"

玛莎·格雷厄姆还说:"打开你身心的管道,让一切的生机、能量,经过你,流过你。如果你锁上了,完整的自我就失掉了,你再也无法在这个世界上遇见完整的自己;如果你打开,保持管道开放,生机、能量就会变成一个独一无二的表达,呈现在这个世界上。这个时候,比较起别人,好一点儿,还是差一点儿,已经一点儿也不重要。"

所以,我常常对学生们说,与其追求一个更好的自己,不如成为完整的自己。成为完整的自己,不是要比别人更好一点儿,而是向内聆听自己内在深处的声音,把内在害怕的、脆弱的、"不够好"、"不够聪明"的部分也带回到真实之中、完整之中,而不是用头脑"聪明"的、用力的、有为的、有效率的东西去压抑这些人性里的生命能量。

如玛莎·格雷厄姆所说,打开身心的管道,连接、抱持那些被排斥的自我,重新把"他/她"带回到生命中,在完整的自我中引导真正的改变发生。

内在的改变与疗愈是缓慢的

从某个方面来说,人类生命意识进化的进程中,有些事情的进展是缓慢的。比如两性关系的问题,从人类有婚姻、有亲密关系开始,每一代人都需要面对"什么是亲密,什么是爱,什么是信任、怀疑、背叛、受伤"的问题。

这些问题在每一代人、每一段关系中都经历着,而且,这些问题并没有像科技发展那样日新月异,短短时间就获得巨大进化。

内在成长疗愈的过程进展得如此缓慢,内在的伤痛,这份难以承受的"娇嫩的脆弱",它是不能戴上效率这一顶帽子的。

想象一下,如果你的伤口被完全打开,失去了保护,暴露于旷野和烈日之下,这样的画面是让人震惊的。所以,越痛,越需要温柔,轻柔地打开,慢慢地超越。

下一次,在内心"我不够好""我总是搞砸"的声音来到的时候,不要断开和内在那个"他/她"的连接,也不要尝试去攻击"他/她",而是和"他/她"一起,对"他/她"友善。

你可以找个安静的地方,呼吸放松,并安顿下来,去感受在身体里哪个地方最容易感受到"他/她"的存在?

把你的手轻轻地放在能量升起的那个地方,像触摸你最心爱的宠物一样……把善意带到那里,对"他/她"说:"嗨,你好……欢迎……欢迎……"把"他/她"邀请进来,聆听"他/她",理解"他/她",给"他/她"一个内在的家,把你成熟的爱带到"他/她"那里,在这种高品质的连接里待一会儿。

当这样一种人性的抱持发生时,生命的柔软、流动,艺术般的转化将会发生。

还记得我观看毕加索的画展时,惊叹于毕加索的才华,也感慨于人们对于跨越时代的艺术依然有着那么多共鸣和感动。

后来我明白,原来将人性的连接带到还没有被人性化的地方,将意识的闪耀带到无意识之中,将原型的象征赋予人文的表达,就是艺术。而这,也是成长、疗愈和改变的艺术。

生命并不只是头脑、智力上的游戏,生命是艺术。

生命是一段创造性的旅途。无论我们在旅途中遇到什么,都可以创造性地应用它,帮助我们创造新的现实。

我们得到这个宇宙中最伟大的馈赠,拥有人的生命,拥有人类的神经系统。我们可以在内在世界和外在世界之间穿梭,并找到一个甜蜜的平衡,帮助我们创造幸福、美满、健康、成功的人生。

个人 vs 集体：
把集体的伤痛个人化，终将不堪重负

把人类普世的问题与挑战个人化，
终会不堪重负

在工作坊中，我常常会问学员一个问题："在座有多少人感受过受伤的感觉？请举手。"

几乎每一次，我都会看到所有的人都举手。

"那么，在座有多少人感受过自卑，常常觉得自己不够好？请举手。"

同样，所有人都举手了。

这时候，我会让大家都保持着举起手的姿势，并去看看周围的每一个人。然后我跟大家开玩笑说："欢迎来到人类世界。"大家也都会心一笑，感觉自己一下子放松了很多。

当我们谈到生命中的伤痛时，很重要的一点觉察是：每一个人携带的伤痛，不仅仅是个人的，还是人类普遍存在的。来自父母的、家庭的、祖先的、历史的、文化的……我们体验到的伤痛，并不只是我们个人历史所产生的，同时也是我们集体意识的一部分。

觉察到这一点，我们会放下自我批判和自我惩罚，我们的心也会更敞开，从紧绷中放松下来，并对他人有更多的同理心，与他人有更多的连接。我们能体悟到当我们触碰苦，不逃避苦，向生命中更大的整体打开时，生命的河流会流过我们。这并不会让我们变得孤立无援，而是会让我们与万物产生连接，感受到我们都共享着人类的光明与黑暗。

问题就在于，当你没有看到别人举起手的时候，你以为这个世界只有你受伤，只有你受苦，只有你感觉自己不够好，其他人都很优秀，都没有问题，他们都比你好……

这种把人类普世意识中的问题与挑战个人化的想法，会让我们产生更多问题。因为这就像孤身一人背负起人类集体的伤痛一样，这个如此沉重的包袱，我们当然无法承受。

在"特别社区"中，
赋予痛苦、问题、挑战人性价值

再次强调，作为一个人，我们面对两个世界：外在世界和内在世界。外在世界是讲求效率和成果的世界，我们需要努力，行动，有策略，做计划，找到好的解决方案，应用不同的方式获得突破。

这个三维的外在世界，是一个"努力"的世界，这是行得通的。

但是，在每一个人的内在，都有难以承受的"娇嫩的脆弱"，以及伤痛、悲伤、无力和挫败，它们是不能戴上效率这一顶帽子的。这些内在的部分，比如"娇嫩的脆弱"，在外在这个努力的世界里，很难有一个抱持、打开、连接和存放的空间。

也许，内在的不同面向曾经向外在世界敞开过。比如一个孩子对爸爸说："爸爸，我觉得好害怕呀！"爸爸说："有什么好害怕的，你看小明比你勇敢多了，男孩子要勇敢。"再如一个孩子对妈妈说："妈妈，我唱歌好听吗？"妈妈说："每天就知道玩，别唱了，赶紧做功课。"

我们如果把内在这些柔软的、娇嫩的，甚至脆弱的面向，向家庭中的场域打开，当然，可以是家庭，也可以是社区、他人，他们对这些"内在的存在"的回应方式往往是暴力的，或是冷暴力的，认为"他们"是"不好"的。那么，生命能量中蕴含的人性的、自然的渴望就会被压抑下来，于是"他们"不得不退缩和关闭起来。我们把"他们"锁在地下室，"他们"就像一颗颗永远不能见到光，没有空气、水分滋养的种子……

每天，我们把自己扔向世界，为了得到外在世界的认同，要让自己变得"更好"，就代表要强迫自己用尽全力去压抑那些无法被接纳的部分。但是，这样的强迫，会让我们变得更焦躁。

如果我们只是投入于外在世界，而没有去聆听、抱持内在世界的不同面向，我们将不可避免地陷入一种两难境地：一边被外在世界的效率车轮推着向前，一边通过向内压抑或向外投射的方式表达这些人性的自然需求。

比如，在亲密关系中，我们常感觉到不被理解、不被看见，感觉到受伤。如果我们没有聆听内在的需求，没有抱持脆弱的部分，没有把成熟的年龄应该有的成熟的爱，带给内在受伤的自我，那么，我们就会把这些内在的需求投射到伴侣身上，想让对方为我们做。如果伴侣无法达到我们的期待，我们就会指责、抱怨、控制，使双方关系更加紧绷，让我们更加远离亲密。这种状态就像前一秒猛踩着车的油门，后一秒就大力踩一脚刹车，传动系统迟早会崩溃。

荣格早就提醒过我们：若是无法觉察内在的情境，它们就会变成外在的命运。

那么，你可能想问：我该如何将这些痛苦"去个人化"，又该如何抱持内在的这些部分呢？接下来，我会继续分享一些内容，希望能帮助你更好地面对内在的伤痛和脆弱。

这么多年来，我一直专注于建立一个支持性的团体，我把它称为"特别社区"。之所以叫"特别社区"，是因为它作为外在世界的相反面，也是生命整体的一部分。它是外在世界"努力地追求成就"的相反面——"如其所是"般的、无为的存在……

在"特别社区"中有几个基本原则：平等表达、抱持、包容、不批判、无为。

多年以后，我依然记得这个下午。

我走进会议室，环顾四周，看到一张张陌生的面孔，他们因为不同的原因来到这里，或期待，或热情，或焦虑，或困顿……在我简单介绍了工作理念后,我直觉性地决定在一对一的个案演示之前,先将他们分成三到四人的团体,这样的多人连接和互动常常会起到意想不到的疗愈效果。

我抽取三位志愿者和我一起进行团体示范,抽签的结果是两位女士和一位男士。

向我走来的第一位女士丁丁,我对她比较熟悉,因为她已经参加过几次我的课程。她打扮干练,每天换着不同款式的精致披肩,时时拿着一本笔记本,把我说的每一句话都记录下来。

我对她印象深刻,因为在课程问答环节,她是最踊跃的参与者,并且每次用同样的范式问问题:"老师,是不是因为这样……所以这样……是吗?"她非常需要在头脑层面得到一个清晰、逻辑通顺的回答。她习惯思考,但很少去感受自己的体验,我不禁有点儿担心,在团体里她是否能够打开自己的内心?

第二位参与者是一个年轻的女孩小梅。小梅非常瘦弱,几次和她眼神接触时,她的眼神里都带着许多担心和害怕,就像一只受惊的小鹿。与她交流时,她也会因为紧张,致使表达没有逻辑性,甚至手都在发抖。

第三位参与者是威海,一位做企业的男士。他有一定的社会经历,也有自己的思想主见,你会觉得他饱含故事,但他不会轻易发表自己的意见。

我邀请三位伙伴和我围成一个圆圈,而其他学员围成一个大圈,抱持着我们四人组成的小组。在开始前,我强调几个规则:平等表达,抱持,包容,不批判,无为。接着,我带领大家安静下来,邀请大家用好奇心和专注的临在抱持着整个团体空间。

我转向丁丁，去感受和她之间的连接，并说道："丁丁，谢谢你作为志愿者参与到这个团体里，当你准备好……邀请你去感受……在你的生命中……你的伤痛是什么呢？……当你做一次呼吸……让自己放松下来……去连接你的身体中心……在中心感受……在中心说话……今天我体验到的伤痛是……我想邀请你，让心打开……把'她'带到这支持的空间里……"

丁丁闭上眼睛感受了一会儿，然后用她一贯清冷平静的声音说："我和丈夫都出生在高级知识分子的家庭，在我刚怀孕的时候，我们都很期待，未来陪伴孩子一起学习，一起成长。但是很不幸，我儿子出生后不久，被诊断为脑瘫，而不到一个月的时间，我的爸爸被诊断为癌症，然后去世了。这两件事情同时发生，我不明白为什么这些事情会发生在我身上，我真的很痛苦……在那个时候我就立下一个誓言，我要搞清楚生命到底是怎么一回事。我每天很努力地学习关于心理学以及照顾特殊婴儿的知识，同时还要照顾家庭，我觉得我已经精疲力竭了，却又看不到未来的希望。"

当丁丁分享着她生命里这些让人心碎的经历时，尽管眼眶泛红，她依然端庄地坐着。她的分享就像在平静的湖面投下一颗石头，荡起涟漪……人性中共享的体验，生命的丧失、伤痛、不公、挫败、无力感……这些人心最深处的脆弱，让大家不约而同地沉静下来，感受着这一刻活生生的生命力的律动。她说出自己的生命故事后，我终于理解了，那个总是问许多问题，想要弄明白生命里一切答案的丁丁，有她这么做的道理。

| 停止你的内在战争

我们静静地待了一会儿,我看着丁丁,问道:"我听到你分享生命里的这些挑战……如果用一个词形容你的感受,那会是什么呢?"

丁丁沉默了一会儿,说:"破碎。"

我环顾四周,有的人把手轻轻地放在心的位置,有的人微微点头。很明显,大家的心更打开了。大家静静地感受着,用这样一种非语言的方式共同抱持着一个空间。

"愿我们能给这个'破碎'一个位置,让'她'在我们这里有一个家。"我感受着心的打开,轻轻地回应道。

丁丁深深地呼吸,仿佛一直提吊着的易碎的心,终于降落在温柔的怀抱之中。

接着,我转向下一位:"小梅,在你的生命中,你感受到的伤痛是什么呢?"

小梅轻轻地抬起头,又低下头,然后用一个几乎听不到的声音说:"羞愧。"

当我听到小梅说出"羞愧"二字时,一阵感动涌遍我全身,心变得温柔又敞开,在人性最深处,我终于能够真实地和她有连接。

羞愧,是生命中最难表达的感受。因为如果我们打开自己,被别人看到自己内心最深处的不堪,会让我们无地自容,那种感觉羞愧难当,只想找一个洞钻进去。但是如果我们不表达,它就会在一个阴暗的角落,随着时间发酵,越来越害怕他人发现这个不堪的、"腐烂"的存在。

我深深地做了一次呼吸,我眼角的余光,能够看到很多人被她的勇气感动。每一个人内心都有一些不能被世界窥见的部分,于是努力筑起高墙,将其深深地锁在内心,但是那种"腐烂"的感觉,无法让我们真正地绽放我们的生命。

终于,我们看到小梅,从她的内心深处,让这个锁在地下室里怪兽般的存在,进入人类社区,让人性和善意去触碰,去抱持……就像为这个"腐烂"的地方打开了窗户,让阳光照进来,让空气流动起来。终于,在人类的社区中"她"有了一席之地,被赋予了人性的价值,绽放在世界上。

小梅这么做的时候,深深地触动了团体中的每一个人,为我们带来了更多生命的力量。我的老师吉利根博士说:这样的生命成长充满爱的勇气。

最后到了威海,我看到他整个身心明显是放松的,他做了一次深呼吸,然后叹了一口气,我感觉他的话从他的心传到这个团体,他说:"我真的很担心我的事业会失败。"

我们看似是一座座孤岛,
但在海洋深处,我们彼此相连

在这里,我们看到了照顾孩子的家庭主妇,面临情绪挑战的年轻女孩,害怕事业失败的男人。在团体示范开始前,我们看到的每个人好像都和我们不一样,就像一座孤岛,但是当每个人分享他们的伤痛、挣扎、破碎、无力感后,你会发现,海洋的深处,我们和大陆是相连的。

是的，我们不一样，同时，我们也一样。

我们以为自己的悲喜和他人并不相通，但实际上，我们深深相连。

生命的河流流淌着，每一刻的生命体验都在变化着，每一天的生命都是全新的。

而在我们的生命里，最重要的练习就是：打开身心的管道，让生命的河流流过我们，而我们也流过生命……

生命是痛苦的，生命也是喜悦的；生命痛彻心扉，生命也惊奇无限。

既然生命这么丰盛，那为什么我们不享受它呢？

大部分人对痛苦的主要误解是，认为一个人正在经历的痛苦仅仅是属于个人的。人们相信自己经历一些伤痛，是因为自己没做好，或是自己不够好；自己感觉到恐惧，是因为自己缺乏勇气……于是自责、内疚。

然而，这些感觉其实是生命中不可避免的部分：如果你活着，恐惧终究还是会造访你；如果你活着，愤怒终究还是会造访你；如果你活着，悲哀终究还是会造访你。

没有人能从它们那里逃脱。然而，却有方法可以穿越它们。

就像我创建的那个特别社区一样，我们可以给自己打开一个内在空间，给问题一个"家"。这个抱持的空间，就像是外在世界成就、效率的相反面，是生命整体的一部分，是值得成立的，也是应该成立的。

同样,你也可以给自己创造一个"社区",当你体验到任何伤痛时,想想今天在书中看到的故事,试着去觉察:每个人都是带有伤痛的。然后,不要责怪自己,也不要强迫自己快速去掉伤痛或其他让你难以接受的部分。尝试着在你的内在,给这部分创造一个空间,允许"他/她"的存在。

在这个空间,当内在的不同面向被人性地抱持时,你会体验到:伤痛不再是伤痛,它成为人性存在的一部分,在人的世界里有一席之地;伤痛也不仅仅属于个人的表达,而是人性中普世的体验。我们不再孤立,也不再与他人断裂。在这个地方,在这个时候,我们便得以卸掉重负,轻装上阵——再一次朝向旅途,继续出发。

练习：
让生命的河流流过我们

生命就像一条河流一样，每一天携带着许多不同的体验流经我们每一个人，只要活着，我们将会重复地经历快乐、悲哀、恐惧、愤怒、喜悦……

我们的身体中心，被人类意识中各种情绪体验触碰着。

而关键在于，你如何回应这些自然的生命能量呢？当生命的河流流过你的时候，你能否不被卷入到生命的洪流之中，迷失了自己呢？

在这一章中，我们通过不同的维度，诠释如何整合对立矛盾的两端——中心和世界，意识和潜意识，内在和外在，个人和集体……让生命的河流流经我们，让生命的完整回归到我们的生命之中。

创造力，正是蕴含在两点之间的对话：

- 在确定与不确定之间变换；
- 在已知和未知之间流动；

·在"危"与"机"之间创造；

……

我们需要练习，在一种生生不息的状态中整合对立矛盾的两极，让两者同时具备正向意义，感受到自己就像一只想要翱翔天际的鸟儿，展开翅膀，一边是确定，另一边是不确定，一边是已知，另一边是未知。

如果想要翱翔天际，接近蓝天，你如何保持双翼的平衡？

如果想在大地之上奔跑，实现意图，你如何保持双脚的平衡？

无论是在某个你感觉自己困住的时刻，还是在你面临某个挑战的时候，你都可以做以下这个练习，帮助自己带着生生不息的创造力，进入到生活中的每一天。

这个练习，由三个部分组成：

·每天更多地练习回归身体中心；

·从中心进入世界，向更大的场域打开；

·创造性地接纳旅途中的人、事、物。

1. 安顿并连接身体中心。

找一个安静的地方，让自己安顿下来，自然地做几次放松的呼吸。吸进来，感觉到内在变得扩展，打开心……呼气时放松你的身体，放松……放下……

感受到全身全然地放松时，轻柔地把手放到你的丹田。在这个身体中心做一次深深的呼吸，连接丹田中心，全身放松，让你的身体重量往下沉，注意力集中在丹田，轻柔地呼吸着，连接丹田的中心点。

感受到你全身全然地放松，臀部真正放松，让重量往下沉……当一个人的意识，从上面来到下面，来到臀部的时候，会发生一种蜕变。在这种蜕变发生之前，他们活在自己的头脑里，感觉需要去取悦别人，带给别人好的印象，不知道自己真实的力量。当他们的重心掉下来的时候，一种宁静的根植于大地的感觉就打开了……一个人可以简单地存在，不需要刻意表现，就可以轻松地发现一种新的智慧和力量。

2. 从中心进入世界，向更大的场域打开。

当你和自己的中心连接着，我邀请你往前踏出一步，一只手继续连接你丹田的中心，另一只手轻柔地进入你身体之外的空间，代表着你从你的中心进入这个世界，你从你的中心进入你的关系、工作、生活……去感受和触碰生活的每一个不同的面向。

确保你跟你的身体中心是有连接的，连接着你的身体中心，同时进入生活的每一个不同的角落……带着好奇去邀请你内在的智慧，想象如何可以做到跟你身体的中心有连接，同时触碰生活的每一个不同的地方、每一个不同的面向；带着好奇去感受如何能够找到这样一个甜蜜的平衡点，专注而又放松，努力而无须多想，不松不紧……进入到生活的每一个地方，感觉到你的意识的扩展，就像涟漪荡开，一圈一圈又一圈，向世界打开，向更大的场域敞开，涟漪荡开,无边无际,打开、打开、再打开……从你的中心向世界去打开,就好像是一朵浪花重新回归海洋,臣服于宽广无边的怀抱。

请记得:

· 越打开,越安全;

· 越打开,越成长;

· 越打开,越自由。

3. 创造性地接纳旅途中的人、事、物——整合,未来导向。

当你踏上这一段创造性的旅途时,你会发现,在这一段旅途中有很多人会加入其中,来到你的道路上……你生命中生生不息的资源、挑战、负面的声音,还有你祖先的能量和智慧……都会加入你的旅程。但它们的到来,是为了帮助你,帮助你成为一个更有力量的人,更完整的人……这些祖先的生命能量、智慧会经过你,流过你……为了帮助你活出绽放的生命。

它们的到来都是出于对你的爱。所以请你对它们说:欢迎,欢迎……

打开你的心,打开你身体的管道,让一切来到你身边的人、事、物,能量、生命力、生机都可以经过你,流过你,帮助你朝向生机勃勃的未来……看到、触碰到未来的画面,一个美好的正向意图,快乐、健康、成功的人生……

花些时间感受和体验这些超越的、宽广的、连接的、被爱的、安全的体验,去领悟你被赋予一个人的美好生命……记得,生命是用来享受的。

让我们放下事物不会变坏的期待吧！调频到当下时刻，全心全意地活在这一刻，让事物保持在道路上，创造性地接纳任何来到你身边的人、事、物，创造性地参与其中，并正向地应用它们，从身体中心向世界打开，朝向生机勃勃的未来。

>>> 第二章
停战，初见旅程中的自己

没有完美的自己，
只有完整的自己。

而成长就是，
让分裂的自我，
重新回归到完整之中。

总有那样一天，
你会满心欢喜地
欢迎你的到来，
在你自己的门前，自己的镜子里，
彼此微笑致意，
并说：这儿请坐。请吃。

你会再次爱上这个曾是你自己的陌生人。
给他酒喝。给他饭吃。把你的心
还给他自己，还给这个爱了你一生，
被你因别人而忽视
却一直记着你的陌生人。

把你的情书从架上拿下来，
还有那些照片、绝望的小纸条，
从镜中揭下你自己的影子。
坐下来。享用你的一生。

———

《爱之后的爱》
德里克·沃尔科特
阿九　译

羞愧：
给我一张被子，我要把自己蒙上

越痛，就要越温柔

来访者婉婷坐在我面前，身体微微地发抖，不停地搓着手，她吞吞吐吐地说着什么，好不容易挤出来的几个字，还没来得及被听见，就消散在空气中……我屏着呼吸，全神贯注地听着，并提醒她可以放心地大声说出来。

"我……我……就好像……一个小女孩……躲在门缝里……看着……外面的世界，很好奇但又不敢走出去，我想……我很想……出去看一看，但……但刚踏出一步，我就……害怕得不得了……"她一字一顿地说着，没有焦点的眼神在空中游离着。

我很快便意识到，婉婷来到我的咨询室，准备面对自己内心尘封已久的伤痛。当她的心慢慢地打开时，早年的创伤被激活了，内在不同的心灵部分不请自来，加入我们的关系。

我感受着婉婷的状态，评估着她在打开伤痛时承受压力的能力，在触碰她的伤口时，小心地决定这个创伤可以打开多少。我需要给她的伤口创造一个承托的空间，连接资源，轻柔地去触碰她的创伤，而不是让她感觉伤口完全暴露在旷野之中。

是的，越痛，就要越温柔。

相反，如果在一种崩溃的状态中触碰创伤，神经肌肉组织就会重新建构新的保护层，避免产生二次伤害。一旦被新的保护层"锁"上，就很难再打开了，那么，这些被非人性对待的存在，就无法被赋予人性的价值，疗愈就不会发生。

很显然，婉婷的状态是向下崩塌的趋势。她屏住呼吸，肩膀耸起，身体绷紧，游离的眼神里露出一丝丝的恐慌……很明显，她处在一种神经肌肉锁结的"战或逃"的状态。在这种崩溃的状态中，如果让创伤继续打开，那么她就可能会完全崩塌。

现在我的工作重点是，帮助婉婷的能量调频到平衡的状态，让她的能量稍微向上提升，比如，帮助她连接中心，回归到中正状态；或者找到资源，连接未来的正向意图，改变描述故事的方式。

只有确保和创伤之外的正向事物有连接时，我才会去触碰她的伤口。

"婉婷，可以看着我吗？"我称呼她的名字，让她的注意力回到当下，建议她稍微抬头看着我，邀请她和我一起做几次呼吸，安顿下来。

但只一会儿，她就睁开眼睛跟我说："老师，我无法做深呼吸，不知道为什么越想深呼吸就越卡着。"

我微微地愣了一下，但很快地带着觉察，从头脑的思考中回到身体的放松，去感受婉婷当下的真实。

在我的专业督导学习中，我的老师吉利根博士常常提醒学生：真正的疗愈，发生在技术失效之后。因为，个案从开始表现得盲从和讨好咨询师，到把真实呈现在治疗关系中时，往往才是疗愈开始发生的时候。

我轻柔地呼吸着，让气息流过全身，放松身体肌肉，让心打开……我好奇地感受着那个越想深呼吸就越卡着的婉婷。过了一会儿，我对她说："嗯……或许你想用呼吸把内在某个部分赶走，认为'她'不应该来到你这里。当你抗拒'她'、排斥'她'时，'她'就卡着了。"

她似懂非懂地点点头，我静静地等待着她做出下一个回应。突然，她似乎用尽了全身的力气打了两个大嗝"嗝……嗝……"她满脸尴尬地连声说道："不好意思……不好意思……抱歉。"她一边表示着歉意，一边捂住自己的嘴巴。但有趣的是，一声声打嗝，不顾主人的阻挠，"嗝……嗝……嗝……嗝……"涌现在我们之间的空间里。婉婷的身体颤抖着，尴尬……难堪……想要压制，却又无法压制。

或许，在婉婷年纪小的时候，那些不得已要压抑下去和紧锁在"地下室"的存在，现在通过婉婷来到这个世界，苏醒了，正在通过

055

她的身体变成了一声声打嗝。有些东西正在向这个世界打开,进入人类社区之中。

我连接着她这个灵性发芽的地方,带着善意和顽皮的微笑对她说:"婉婷,你打嗝的时候,真的不需要这么优雅,你可以大力地喷在我身上……"

婉婷听着我的回应,忍不住大笑起来。我欣然加入这个欢笑的队伍,两个人肆无忌惮、手舞足蹈地大声笑着,畅游在欢乐的海洋里。

眼泪之外,还有欢笑。

痛苦之外,还有其他的人生。

持续让我们受苦的原因是:

·我和生命整体隔离,用神经肌肉紧紧地锁上了伤痛,失去了和其他事物的连接;

·我的生命能量失去了流动性,失去了节奏感和音乐性。

潜意识的语言是节奏和音乐,不是文字。想象一下,如果你跳着舞,唱着歌,把你的问题唱出来,那么可以肯定的是,你对问题的体验一定改变了,你和问题的关系也改变了,你回应问题的能力也不一样了。

现在,在我和婉婷之间,生命中的伤痛是真的,欢笑是真的,温柔是真的,顽皮也是真的……可以肯定的是,生命中不是只有痛苦,还有其他的,很多,很多……

慢慢地,我引领婉婷从欢乐的、跳动的能量状态回归到温柔而又坚定的身体中心，静静地待了一会儿，让身体每一个细胞都记得这样的体验。

"婉婷，我想对你说，无论是什么来到我们之间，我都会给'她们'一个位置，我确信，'她们'的到来，是为了帮助你去疗愈，去整合，去成长……'她们'的到来，都是带着善意的，欢迎，欢迎……"

婉婷做了一次深深的呼吸，这一次没有卡住。

让更大的智慧引领内心的疗愈

当婉婷的状态提升到一个更佳的水平时，我们的旅程就可以继续展开，向生命深处进发。

接下来，我想了解婉婷一些基本的背景信息，因为这些信息表达着婉婷的身份认同，代表了她无声地向世界宣告着：在世间我是谁。

我们的身份过滤器是内在主要的地图，帮助我们了解自己和世界，前提是，这个身份过滤器工作良好。

"我原本在一家外贸公司上班，但后来我的抑郁症越来越严重，再后来我就把自己封闭起来了，现在什么也不干……这几年什么都没干……"

我点点头，继续问她："你现在有亲密关系吗？"

婉婷沉默了几秒，意识似乎漂流到了另一个空间，然后给出了一个答非所问的回应，声音细微得几乎听不见："我……我觉得我理解不了……"

"理解不了，是什么意思呢？"

"唔……唔……我理解不了……为什么亲密关系……唔……唔……"婉婷支吾着，眼神再一次飘走，不敢看我的眼睛，身体又回到了绷紧的状态。

这是一个信号，提醒我，有某一个"自我"卡在这个地方了——"她"需要被温柔地对待，所以需要慢下来，让"她"来决定，什么时候打开，打开多少。

"可以告诉我，你原生家庭的情况吗？"我尝试用另一个问题让婉婷回到当下时刻。

"我是家里的老大，还有两个弟弟。我9岁的时候，父亲到了糖尿病晚期，走了，我妈妈现在自己在老家。"

"我很遗憾听到你这么小爸爸就走了，妈妈带着你们3个孩子，一定很不容易吧。"

"嗯，很辛苦……"

婉婷一边若有所思地点点头，一边从包里拿出一本笔记本，翻开其中一页，把内容展开给我看，她说："我的人生底色都是悲伤的，我画了一条河，这条河如果是一条流淌的河，我生命的河流里流淌的都是眼泪……我整个人生全都是破碎的，破碎了一地……你觉得谁能经历过3次性侵……好了，我不说了，我不想说了……"

婉婷说到后面时，声音轻得几乎听不见，最后的几个字消散在悲伤的空气中。

突然间，我终于理解婉婷说的"我觉得我理解不了……"这句没有说完整的话里隐含的意义。

她的眼泪止不住地流下来，我感受着，让她悲伤的河流流经我……哦，也不只是属于她的悲伤，也是我的河流……是人类普世的人性体验。

一阵温柔而又感动的共鸣流过我的心……我感受着和她的连接，看着她问："婉婷，我忍不住想，你所经历的苦难，如果换作是我，我都不知道我能否挺得过来……我真的想向你学习，是什么支持着你走到今天呢？"

"我也不知道，我还在想这个问题呢，刚才……那时候……我在我自己的世界里，我就在想，我的内在智慧真的挺厉害的，一步一步地走，帮助我活到现在。"

"是的，你内在的智慧很厉害。你生命里遇到这么多的挑战和磨难，你的内在有深沉的智慧和生命力，'她'支持你、帮助你来到今天……我想对你内在这么顽强的生命力，还有你内在的智慧，表达深深的尊重、深深的敬意……'她'真的很棒！……'她'真的很棒！……"

这些对婉婷说的话语，也提醒着我，我们穿越表层，触碰到心智的原始场域，回到自然的生命原动力，把丰盛的资源带到我们的生命旅途中，唤醒每一个人内在的成功、快乐、幸福的资源。

"婉婷,不好意思,我有点儿冒昧,问一个不太礼貌的问题,请问你现在多少岁了?"我带着顽皮的能量和语气,继续引领婉婷转换状态。

婉婷擦着泪痕,泪中带着笑,说:"38岁了。"

"婉婷,你知道瑞士有一位伟大的心理学家叫荣格吗?荣格说,每一个人有两次人生。第一次人生是前38年,我们在为他人而活,第二段人生是后38年,我们开始为自己而活。很高兴,你在38岁的时候,终于可以活你自己的生命……开始聆听生命深处的声音……事实上,不仅是38岁的你在探索,还有48岁的你,500岁的你,1万岁的你,10万岁的你……"我停顿了一会儿,让我们的意识触碰到一个更大的场域,一个更大的存在。

"婉婷,想象一下未来,那一个智慧的、健康的、快乐的、老年的自己,你觉得你会是多少岁呢?"

"我觉得100岁吧。"

我笑着回应:"哈哈,100岁……欢迎来到长寿村,那里山清水秀,空气清新,一个个健康的老人,银发飘飘,开心地享受着生命的每一天……"我们再一次跳进欢乐的海洋,仿佛已经触碰到了未来美好的画面……

"婉婷,我邀请你在这个未来的画面里待一会儿,做一次呼吸,轻柔地闭上眼睛,在这个100岁的健康老年的年纪,你穿越了生命旅途的挑战,内在充满着智慧的光芒……从智慧的、健康的100岁老婉婷那里,回看现在的这一段人生,你会给38岁的婉婷一个怎样的人生建议呢?"

"婉婷,撒开了玩,撒开了耍,撒开了活。"婉婷带着顿悟般的声音回答说。

"撒开了玩,撒开了耍,撒开了活。"我重复着婉婷说出的这句神奇的"咒语","撒开了玩,撒开了耍,撒开了活……现在婉婷从这个智慧的、健康的老人那里接收到这份礼物,有什么感觉呢?"

"我想站起来跳舞。"

婉婷站了起来,用力地左、右,左、右……交换着双脚踏着步……我也站起来,配合着节奏,一边念着这句神奇的"咒语","撒开了玩,撒开了耍,撒开了活……"一边踏着步子舞动起来……

"撒开了玩,撒开了耍,撒开了活……撒开了玩,撒开了耍,撒开了活……"

我们跳着,唱着,再一次让生命能量流动在我们之间。

我们再次体悟到,持续受苦的原因之一是:生命能量失去了流动性,失去了节奏感和音乐性。

"这是我见过最美的一段舞蹈!"我坚定又认真地带着催眠性的声音说,"让这一段美妙的旋律指引你朝向下一段旅程。每一次当你需要在旅途中唤醒你的生命力时,记得——撒开了玩,撒开了耍,撒开了活……感受这活生生的生命力,撒开了玩,撒开了耍,撒开了活……跳一段庆祝生命的舞蹈,享受自然的生命原动力,回归到你的身体中心,每一天从中心进入世界,带领你活出生命的真相……在未来的每一天,展现活生生的生命力,那真的是很棒……那真是很棒……"

我们在这个地方静静地待了一会儿,用了一些时间,让内在去整合新的体验,新的学习。

给予不请自来的"自我"一个安身之地

我期待着婉婷慢慢地睁开眼睛,一如既往地像我其他的个案,欣喜地与我回顾和分享着美好的体验和收获。

但是,刚刚才触碰到的平静、放松、流动的能量好像是阴天的太阳,一闪而过,很快就从婉婷的身上飘走了……

神经系统的强大惯性模式,很快把婉婷带回到老旧的地图里,古老的负面催眠再次上线,38岁成熟的女人又一次缺席。

"我……我不知道……跟我之前的经历有没有关系,但是我确实是,我也在想,两个人为什么要……怎么都理解不了为什么会……它真的很……就影响我,我就不敢……好像……有关系……"她努力地,但始终无法完整地表达。

我试探地问:"你是说性的部分吗?"

她点点头,似乎终于有个人帮她说出来,而她不需要去面对这个难堪又沉重的话题。

婉婷捂住脸,无力地叹息:"我觉得我自己很脏,我真的……觉得很羞愧。"

"婉婷,我很遗憾听到你这样对自己说,我真的很抱歉……在那个时候你受到的伤害,是不应该发生的。真的很遗憾……抱歉……抱歉……在你38岁的时候,当你想向亲密关系敞开时,'她'来了……'她'来到你这里了,'她'感觉到害怕,就好像在对你说:如果你进入亲密关系,那我该怎么办啊,我真的很羞愧,我真的很害怕……如果我失去了保护,再一次受伤,那我该怎么办啊。婉婷,我确信'她'是有道理的,欢迎,欢迎……'她'需要你把疗愈带给'她',欢迎,欢迎……'她'想你携带着'她'来到你的生命旅途中……"

我停顿一会儿,好让自己的话更有力量:"婉婷,如果从那个100岁的智慧健康的老人那里,看到现在的婉婷在说自己不好,说自己很害怕,说自己很羞愧,那个100岁的智慧老人会怎么回应呢?"

"这不是你的错!这不是你的错!"一个100岁的智慧老人的声音传来。

"这不是你的错!"我重复着这句话,"婉婷,看着我,我很高兴,你连接到那个智慧的声音,那不是你的错……我邀请你做一次呼吸,把这句智慧的话语吸进来……那不是你的错……也许现在,你可以动动你的脚,舞动起来……唱出这几句神奇的'咒语'……撒开了玩,撒开了耍,撒开了活……不是你的错……不是你的错……"

婉婷触碰那些艰难不堪的伤痛时,也可以保持和资源的连接。在同一套神经系统里,如果我们能够同时抱持两种不同的身份状态——一边是伤痛,一边是资源,就找到了改变发生的重要前提。

"婉婷,在你这个成熟的年龄,你可以正向运用生命赋予你的能量,享受性这一原型能量,正向地表达它,让生命的河流自然流淌。就像现代催眠之父米尔顿·艾瑞克森所说:生命是用来享受的。一个成熟的女人,是可以享受性爱的愉悦的……或许早年古老的伤痛还是会不请自来,但是,38岁成熟的女人,100岁智慧的、银发飘飘的老婉婷,会给'她'爱,会安慰'她',不是'她'的错……不是'她'的错……给'她'保护,给'她'安全,将'她'带到生命的旅途之中……不再自我惩罚,不再做内在自我的判官……生命是用来享受的……"

婉婷轻轻地闭上眼睛,把手放在心口,静静地感受着,这些祝福的话温柔地灌溉她的身体中心,用以替代古老的诅咒和负面催眠。

拿起剑挥向不公,
然后回归中心

我的老师吉利根博士年轻时练习合气道20多年,他和我分享了一个故事。他的一位合气道师傅和两个孩子因车祸意外去世,合气道团体为他们举行了一个悼念仪式。

那一天,所有的人都穿着合气道传统服饰,师傅们轮流上台分享与这位大师的过往和对他的怀念。轮到一位老太太,一位合气道的大师,她起身,干脆利落地整理了一下衣服,绑紧道袍的带子,大步流星地走上台中央,面朝向人群的上空,一次深深的呼吸之后,气沉丹田,然后,发出一声长啸:"啊……啊……啊……"生命所有的不公、愤怒、悲伤、无力都被包含在这一声大吼中,奔向虚空。

吉利根老师说,当时他端坐在下面,感受着全身的震动,生命的河流流过他，也流过在场的每一个人。这位老太太一声长啸之后，重归沉默，回归中心，停顿几秒，再次庄重地整理了一下衣服，然后下台，没有再多说一句言语。

我说着这个故事，转向并看着婉婷的眼睛："婉婷，拿起你的宝剑，挥向所有不公，就像这位老太太的一声长啸，然后，回归中心……从你的中心继续进入生活，不需要卡在一种能量里，不需要重复地、戏剧化地去表达。在你未来生命的旅途中，作为一个成熟的女人，学会拿起你的剑，挥向不公；也可以温柔地对待自己，享受你的生命能量。一个成熟的女人，是可以享受性爱的愉悦的……生命，是用来享受的。"

我邀请婉婷一起静静地做几次呼吸，再一次回归到内在，花些时间做内在整合。

在个案结束时，我问婉婷："可以和我分享一下你的感受吗？"

她的眼睛闪烁着100岁智慧老妪的光芒，说："就像一朵洁白的莲花。"

一朵洁白的莲花，出淤泥而不染，这个意象深深地触动了我。

如正念大师一行禅师所说：没有淤泥，就没有莲花。

强迫：
不被世界欢迎的自我

区分"我"与"症状的自我"

维吉尼亚·萨提亚是著名的心理治疗师和家庭治疗师，她被《人类行为》杂志（*Human Behavior*）誉为"每个人的家庭治疗大师"。

当人们遇到问题、挑战，来找到她做咨询的时候，萨提亚问的第一个问题通常是："对于你生命中发生的问题，你有什么感受呢？"

假如来访者说："我感觉到很难过啊。"

萨提亚会接着问第二个更重要的问题："那你对你的难过又有什么感受呢？"

萨提亚说，第二个回答，决定了整个生命的品质。

如果你认为"难过"不应该出现在你的生命中，于是抗拒它、压抑它；或者觉得别人应该为你的"难过"负责，于是抱怨、指责，用神经肌肉锁结的紧绷状态紧紧锁上了"难过",那么在"难过"的感觉之上,你施加了更多的压力和焦躁。

相反,如果你给予"难过"一个空间,包容、抱持、好奇、聆听它,连接资源和正向意图,通过带着人性的临在,用人类的神经系统把那个不被世界欢迎的"他/她"吸收进来,让"他/她"成为你的同盟,并调频一致。当不同的部分和谐一致时,就会产生一种生生不息的有创造力的身份状态。

而不同的心灵部分互相冲突排斥,彼此互不连接时,就会产生一种低等的身份状态,这种身份状态是分裂的、低自尊的、令人消耗的……

这也是生生不息改变的核心理念之一:回应问题的方式,决定了问题成为更大的问题或是问题可以转化为资源。

举个例子来说,我们说"我抑郁了""我有强迫症",这背后的意思往往是:我等于抑郁,我即是强迫症。

一旦我们保持着这种身份认同,就很难与这种身份认同之外的认知产生连接,从而形成固着的、只有一个意象的、单一的身份认同。

因此,僵化的身份认同无法适应外在的挑战和变化,或者说无法以内在共鸣的方式去创造新的现实。

古希腊哲学家赫拉克利特曾说:一切皆流,无物常驻。

太阳每天都是新的,永远不断地更新。

但是,卡在同一种负面模式里,重复着同样的负面体验,人类却是个中能手,会用过度思虑的头脑和神经肌肉锁结的状态紧紧地锁上"问题"。

如果一个人保持着"我是强迫症""我是抑郁症"的身份认同，并加上负面描述，比如"我没有希望了""我没有能力""我是个负担""我总是搞砸"等，那么他犹如套上一个个枷锁，锁上抑郁的、强迫的自我，从而产生低等的身份状态，失去流动性和创造力，让痛苦更持久、剧烈。

所以，在工作中我常常会引导来访者，先将"我"与"症状的自我"区分开来，再去改变"我"回应"症状的自我"的方式。

看见症状背后的正向意图

具体要如何做到这一点呢？我想，接下来的这个故事会对你有所启发。

我的一位来访者叫小武，被诊断为强迫症，我与她进行了线上的视频咨询。

小武每天都控制不住地洗手，常常洗到手脱皮也没法停下来。有一段时间这个症状开始减轻，但是当她的关系出现问题，和男朋友分手后，强迫症复发了。

她找到了一位心理咨询师，咨询师跟她见面之后，说："你的强迫症非常严重，最少一个星期要来见我两次。"

当听小武这样说的时候，我内心不由感叹了一下，这位咨询师真的是发起战争的人。

就在见完咨询师的那一天,小武的强迫情况更严重了。

那天夜里,她洗手洗到凌晨2点。小武跟我说:"老师,那天晚上我突然内在有一种感觉,不要再找这位咨询师了。"

当她这么说的时候,我的内在深深地被触动了一下,我对小武说:"我能感觉得到,你内在的潜意识有这么深层的智慧,它知道如何保护你,知道什么时候才能打开,打开多少才对你是好的……我真的想对那个智慧的你说,欢迎……欢迎'她'加入我们的谈话。"

小武做了一次呼吸,说:"老师,我听你这样说,我真的想哭……"

"这个哭,是一个好的哭吗?"我带着顽皮的能量问道。

小武说:"是的,我感觉到被尊重,我感觉到被支持、被允许和被看见。"

我做了一次呼吸,去感受她内在深深的渴望和内在不同的面向……我感受着,然后带着柔和、支持、平静的声音对她说:"你内在有一个部分需要你的支持、聆听、看见和疗愈,我确信是有道理的,我确信是有意义的,欢迎……欢迎……欢迎……"

小武深深地做了一次深呼吸,明显放松了很多,我能感受到,在这个放松的空间里一定没有强迫。

然后,小武接着向我说起她的近况:"老师,好在现在有新冠肺炎疫情。"

我说:"为什么呢?"

她说:"因为疫情,我就不需要到外面见任何人,我把门关上,有一个充分的理由不用出门了,然后每天就躺在床上,盖着被子。你知道吗?我最长时间的一次记录,是三天不起床。"

"嗯,嗯……那么你的体验是什么呢?"我问。

小武回答:"我感觉好放松……我终于有一个机会和自己好好地待在一起。因为当每一天我起床面对其他人的时候,我总是感觉到别人都在责怪我。从小,我总被父母挑刺、指责,无论我做什么,他们都觉得我做得不够好。我想学习不同的爱好,他们觉得我浪费时间。每一次,我想尝试新的事物,他们都指责我不务正业……但是,现在我终于可以用被子把自己盖上,不用再面对其他人的目光和责怪了。"

我安静了一会儿,看着小武,轻轻地说:"真的很遗憾听到你这么说,在成长的过程中,这个小女孩受到了这么多不公平的对待……让'她'感觉自己不够好……让'她'受伤……为了保护自己,'她'只能躲起来……愿我能打开我的心,给'她'一个位置……给'她'尊重……让'她'可以在我们之间感觉安全和被欢迎。欢迎……欢迎……"

听着我的话语,小武的眼泪不断地流下来,我们静静地待了一会儿。

"小武,但是我也很高兴,在你这个成熟的年纪,'她'来到你这里,'她'需要你的聆听……'她'需要你把疗愈带给'她'……'她'想通过你,来到这个世界苏醒……"

我看着她做了一次长长的深呼吸,通常这代表内在整合开始发生。接着,我问了小武一个问题:"小武,想象一下,如果我们这次见面,在未来可以为你的生命带来不同和改变,那会是什么呢?"

她又做了一次呼吸,眼睛突然亮起来,说:"天啊,有一个词蹦出来,是我从来没有想过的,你知道这个词是什么吗?"

小武接着说道:"老师,我想我的生命能够奔放!"

奔放,一个引起我内在深深的共鸣的正向意图。

我邀请小武和我一起做深呼吸,带着这个新的正向意图,进入到催眠里,触碰到未来的画面,感受着奔放的生命力,一种身心共鸣的生命体验——奔放。

小武张开双手,脸上露出了微笑,安静地感受着……静静地待了一会儿……

咨询结束的时候,我对小武说:"你根本没有强迫症,只不过是你没有活出奔放的生命。"

一周后,到了小武的第二次咨询,但这一次到了约定时间,我等了一阵子她还没有出现。

我的直觉告诉我,迟到或许是咨询过程不可或缺的一部分,于是我通知助理不要发信息提醒她,在这一个小时里我会等她。

大概过了20分钟,她过来了,说:"老师,我迟到了。但是,谢谢你没有追问我,因为迟到对我来说很有意义。我只要约人见面或社交,都会很紧张,我的强迫症往往就会发作,忍不住不停洗手,停不下来,一直洗,一直洗……拖到最后,时间过了,我恐慌得无法出门,只想让自己躲起来不见人。就像刚刚,我知道咨询时间到了,我就去洗手,我似乎有一种'测试'的感觉,看看你会怎样回应我……我把手机放在洗手盆旁边,一边看着电话,一边洗手。我看你会不会来电话或者信息追问我,但你没有,我就更加放松了,我真的很开心!于是我决定,再洗一阵子,我就来找你。现在,我是带着放松和微笑来找你的!"

小武带着欢快的声音和我分享着,我回应她:"你的觉察和分享真的很让我触动。我能感觉到,或许,你内在的这个部分曾经做过很多次这样的'测试':我把害怕和脆弱的'我'向人们打开时,人们会如何对待'我'呢?但是,我猜当你每次这样做的时候,换来的是外在世界的负面回应……"

我打开身心感受小武,带着和她的连接,尝试着进入她的内心深处,站在她的窗口和她一起望出去。

我们的身份认同常常来自我们内在保有的那双"眼睛"。我们小的时候,父母是我们的意识,父母回应我们的方式,在潜意识里内化为我们看待自己的"眼睛"。

在小武成长的过程中,父母对她非常挑剔,常常指责她。为了满足父母的期待,她不断地要求自己表现得更好,用所有的力量去压抑自己的需求和脆弱。

催眠大师艾瑞克森说:神经官能症是因为一个人没法说出自己的渴望。"症状"是渴望的负面表达。如果渴望能够被聆听和被表达,那么症状就可以转化为资源。

在小武和我的咨询关系中,她终于体验到:曾经,当紧张、害怕、脆弱袭来时,这些内心深处自然的人性需求,只能用"强迫"

的方式表达，无声地向世界讲出渴望——"我渴望被理解""我渴望安全""我渴望被温柔对待"，洗着手，看着手机，等待着世界的回应……

现在，她慢慢地感受到在我们的关系容器中的包容、允许、信任……好像有一个回应的声音说："没有关系，我看到你，我感觉到你，我接纳你，我不是来改变你的，你就这样，世界就可以爱你。"

小武的"测试"终于在与他人的关系中，体验到了不同的回应，在人类的社区中被赋予了新的意义。

同时，通过这种回应，我希望能让小武觉察到，她需要把成年的"认知自我"与身体中的"强迫的自我"区分开来，并改变"她们"之间的关系和回应方式。

"小武，除了我可以为你这样做，最重要的是你也可以为自己这样做……在你还小的时候，无法照顾自己的需求，只能靠父母……现在，你已经长大了，成为一个成熟的女人，你需要给予内在那些不得已沉睡的部分人性的连接……邀请你现在成年的自我，一个成熟的女人带着爱，友善地对待'她'……现在，是时候把人性的光辉带到这个没有光的地方了，醒过来……醒过来……你内在的这个存在，'她'想通过你来到这个世界苏醒，'她'想让你带着'她'进入世界，创造奔放的生命……奔放的未来……这真的很棒……这真的很棒……"

小武和我深深地连接着……我的声音与她的生命力共振着……

让每一个不同的自我，
都融入更大的场域

能量相遇的方式，决定了问题是变成一个更大的问题，还是转化为生命资源。

我的老师吉利根博士，19 岁时就跟随催眠大师艾瑞克森学习。他常常分享说，艾瑞克森在给他做催眠时，就像有一个发着金光的、慈祥的老人在他的生命深处抱持着他。那是他生命中最美好、最深刻的体验。

吉利根博士感受着深深的平静、完全的信任，有那么一瞬间，一个念头飘过：我用多年构筑起来的自我防线，这么轻易就被这个老头攻破了吗？一种不安全感，以及隐隐的担忧升起，那些早年的脆弱、挫败、害怕、悲伤……好不容易锁在了地下室，万一门打开了，全部跑到楼上来，那就糟糕了。

但是，他马上感受到艾瑞克森慈悲的临在对他说："我来这里不是要改变你，你不需要改变，你就这样，我就可以支持你，可以爱你。"

在这份深深的、慈悲的临在抱持中，所有紧锁的部分慢慢打开，慢慢降落到发着金色光芒的抱持之中。脆弱，轻轻地掉落，被轻柔地接住；挫败，轻轻地坠落，被轻柔地接住；害怕，掉下来，被轻柔地接住；悲伤，被温柔地接住……每一个不同的自我，都融入一个更大的场域。

无论生命中有多少破碎和伤痛，破碎并不等于我，伤痛也不是我。有一个比破碎、伤痛更深的地方，有一个更宏大的临在，如果你足够信任，将自己交给这个更伟大的力量，那么生命真正的自由就产生了。

你和身体自我连接时，把祝福灌溉到身体中心，唤醒对品质美好的存在的觉察。

你向更大的场域打开时，唤醒对关系场域的觉察：我属于更伟大的整体、我属于大自然、我属于社群、我属于祖先的智慧……我是宇宙的一部分，宇宙也在我之内。

你带着正念认知自我时，唤醒自我感和世界感，在不同的心智中流动、支持、互补，一个更宏大的临在深深地扎根于你的内在。

我们根扎大地，同时向无常变化的世界敞开，创造性地接纳生命旅途中到来的一切人、事、物，帮助我们创造美好的人生。

如艾瑞克森所说：命运的车轮会碾过我们每一个人。每个人都会经历心碎，重要的是，这个破碎是让你的心打开，朝向外面更大的世界，还是让你把自己封闭起来？

智者说，心是注定用来破碎的，但不是粉碎，裂缝是光进来的地方。

抑郁：
如何照亮灰色静止的世界

抑郁背后，
有着深刻的正面动机

抑郁，几乎是现在这个时代中，许多人不得不面对的一个心理挑战。困在抑郁的状态中，我们自身对抑郁的误解，身边人对抑郁的错误对待，往往会让小问题变成大问题。

那么，要如何为抑郁这一片灰暗的世界带入一丝光明，并循着这道光找到出路呢？

我想，以下这个故事能够让你体验和学习到：当我们在充满挑战的生命旅途中连接和携带资源时，资源就是照亮和遍及我们生命中每一个角落的那道光。

红莉带着女儿安安从另外一个城市坐飞机到广州找我，寻求心理咨询，原因是安安被诊断为抑郁症，辍学在家，女儿的状态让她焦虑不已。

当我们三个人坐在咨询室中的时候,我明显感觉到三股完全不同的能量存在于这个空间。

红莉,热情而又礼貌地说着她从网上看到我的专访,被深深触动,直觉地认为我可以对她的女儿和家庭有所帮助,不远千里到来,对我充满厚望。

安安,如同一个入定的禅师,身体纹丝不动,但她的眼神和我过去接触的来访者都不同,没有任何对权威的投射与讨好。她安静地、冷冷地、淡淡地审视着我,无声地在我身上找寻着可以让她信任的蛛丝马迹。

在和安安眼神交错的那一刻,我内心轻轻地震了一下,她的双眼似乎看穿了我故作镇定的外表,直视着我咨询师面具背后的"冒牌者症候群":来访者带着这么大的期待来到我这里,我到底能不能帮到他们?

也就在这一瞬间,我决定放下所谓助人者的角色和面具,放下"对"的理念和技术,用真实和坦诚来面对面前这个女孩。

我对她们的到来表达了欢迎,并注意到安安的手腕处有一块块瘀青,于是我问是怎么回事。

红莉回答:"那是前两天我带孩子去了医院做全身检查,因为抽血留下的,在医院也做了CT,医生说孩子的身体没有问题,但我总觉得她有问题。"

安安突然脸部变得扭曲,转头盯着妈妈,黄豆般的泪水簌簌而下,颤抖着的声音从牙缝里挤出来:"你……怎么可以……说我有问题。"她的声音颤抖着，委屈和愤怒交集着……

"你……怎么可以……说我有问题"，安安的话像电流一样流过我的全身，我马上感觉到，一个为生命中某些"不公"而抗争的女战士原型来到了我们之间。

显然，这股火一般的生命能量，人类的社区并不欢迎（特别是家庭的场域），无法正向地表达和绽放在世界上，于是只能被压抑向内，这也可能是安安只能用"抑郁症状"去抗争的原因吧。

抑郁往往意味着能量向内转移。我们无法与外在世界建立连接，我们内心的感受、需求、能量不被接纳的时候，这些动力就会转向内在，让我们感到抑郁、压抑等。但其背后的正向动机是，让我们保存能量，不再消耗。

安安的话就像从深渊深处发出的呐喊，而且我可以想象，她每一次声嘶力竭的呐喊换来的回应却是"你有问题"。

我轻轻地拍拍安安的膝盖："嘿，安安，你可以抬起头，看看我吗？"我声音轻柔，希望可以安抚她紧绷的神经，让她可以感觉放松一点儿。

安安微微地抬头，我笃定而温和地看着她的双眼说："安安，我想让你了解我的态度，我从来不认为任何人有'问题'。也许他们只是比较独特，但是当世界不能理解这份独特的时候，人们就认为他们是'异类'。"

接着，我稍稍转向红莉的方向，对红莉解释说："事实上，在日常的心理咨询中，如果没有严重的生理因素，我并不支持给来访者轻易下诊断。诊断不仅会限制咨询师的视角，影响咨询师把来访者当作人来建立关系的能力，而且一旦做出某种诊断，咨询师或许就会倾向于选择性地忽略来访者不符合诊断的方面，甚至可能推动来访者表现出相应的特质。"

虽然我貌似对着红莉陈述我的咨询理念，事实上，我是在提醒红莉：父母也是创造孩子"问题"的合作者。更重要的是，我间接地在向安安表达我的态度：安安，你不是一个待解决的"问题"，而是一个有着人性的存在。

安安慢慢地平静下来，与开始的冷峻审视不同，眼睛里开始有了一些神采。再一次，我温和又坚定地看着她的眼睛，对她说："安安，我向你保证，我在这里并不是要改变你，我在这里只是陪伴你，你现在这样就很好，你就这样，我可以支持你……无论是你妈妈，还是我，又或者是现在的你，每一个人在生命的旅程中，都会遇到一些感觉难以跨越的坎。我很荣幸在这段旅程中做你旅途的同伴，并支持你。"

这些真诚的话语，同样也是说给我自己听，时刻提醒我自己：让我的心向面前这个活生生的人打开，让"她"触碰我，让"她"教导我。在她的内在，有一个存在，想通过她来到这个世界苏醒，欢迎，欢迎……

从来访者的视角看世界

"安安,听你妈妈说,你是读化妆专业的,我很喜欢你身上穿的卫衣和球鞋,还有你挑染的头发,不张扬但很有个性,很适合你。我想,你对美有很独特的理解吧,对吗?"

"不是,我想赚钱。"

"赚钱之后你想做什么呢?"

"我就可以离开他们。"

"他们是谁?"

"爸爸妈妈。"

"离开爸爸妈妈之后,你就可以怎样呢?"

"我就可以安静了。"

"你可以多说一点儿吗?"

"世界太吵了,我好累……"

年纪轻轻的她,发出深深的叹息。我做了一次深呼吸,打开心,去感受安安这个疲惫的、想要逃离的部分:"安安,在你的内在,有某个部分感觉疲惫不堪,'她'想逃离,我确信'她'是有道理的,'她'是有意义的……因为,在'她'更深的地方,隐含着一个深深的渴望。我不禁想,你从一个小女孩变成少女,从少女到成年,接触到成人的世界,或许一下子,对你来说太多了,太多了……有那么多的不确定、期望、要求、责任……天啊,原来成年人的世界是那么吵的,对于你内在这个娇嫩的部分来说,也许无法一下就适应。我想对这个感觉疲惫的、想要安静的地方说,欢迎,欢迎……

无论如何，我都不会去改变这个部分，我想让'她'教导我们，带领我们，帮助安安在未来体验更多的宁静……"

我一边说着，同时也在测试着，我是否能够进入安安的世界，和她一起站在她内心深处的窗口一起望出去。

她似乎向我打开了一点点，与我之间的连接多了一些，我继续问道："安安，你妈妈陪你过来和我见面，通过这次见面，当你回到你的生活中后，你最想为你带来的改变是什么呢？"

她突然像迷失了一样，失神飘走了一会儿，毫无动静，然后审视的眼神再次变得冷峻。

我提醒自己不需要追逐标准答案，带着平和，慢慢把身体转向坐在她身旁的妈妈红莉，问她："你现在和女儿，还有谁一起生活呢？"

红莉说她和前夫在安安三年级的时候离婚了，现在他们分别都有了自己的家庭。前夫也和妻子有了自己的孩子，安安和妈妈、继父一起生活，但是安安和继父的关系不好，每个星期有一两天她到亲生爸爸那里住，和亲生爸爸的关系也不怎么好。

了解到这些，我似乎能更多地理解安安说的"世界太吵了"这句话背后蕴含的意义了。

从来没有黑暗，
只是光没有照进来

我轻轻移向安安，问她："安安，你生活中有好朋友吗？"

她摇摇头。

"你有什么兴趣爱好吗？"

她摇摇头。

"你和什么在一起时，最能感觉到这个世界特别安静呢？"

突然间，她眼睛往上跳了跳，一丝几乎觉察不到的笑容飘过她的嘴角，她说："我很喜欢和我的宠物们在一起。"

"哇，宠物们？可不可以告诉我你养了什么宠物？"

"我养了四只猫，一只狗，两只鹦鹉。"

"你已经可以开一个小型动物园了，可以告诉我它们的名字吗？"我带着惊奇的语调回应着。

安安如数家珍："我的小狗叫不羁，四只猫分别是太阳、狮子、小六、小白，两只鹦鹉叫乐乐和甜甜。"

我打起精神，提醒自己要在最短的时间内把这七只宠物的名字记在心里。"不羁、太阳、狮子、小六、小白、乐乐、甜甜。"我重复地说着这些对于安安来说有特别意义的名字。

不羁、太阳、狮子、小六、小白、乐乐、甜甜，是安安生命里闪闪发光的资源。我们通过觉察，携带着这些正向资源，就可以"打开、超越"任何负面的体验。

"有两只小猫，也就是太阳和狮子放在我亲生爸爸的家里，我去爸爸家里的时候就有它们的陪伴。"安安主动地向我分享着。

我点了点头："安安，我能感觉到，在你的内在，有一个充满智慧、又具有创造力的潜意识存在。当生命中有些很重要的东西,无法在世界上得到连接时,你自己会去发现这些连接。你是我见过养宠物最多的人,你懂得去连接这些活生生的生命存在:不羁、太阳、狮子、小六、小白、乐乐、甜甜,你和它们连接,感受当下的、美好的生命力,那真的很棒……那真的很棒……安安,我邀请你做一次呼吸,轻轻地闭上眼睛……去感受一下,当你和它们在一起时,可能在散步,可能在玩耍,可能把它们轻轻地抱在怀里……在那个地方,你感受到什么呢?"

"安静……"安安轻轻地说道。

"那真是太好了,我邀请你做一次呼吸,到内在感受到安静的地方,在那里待一会儿……那不是很棒吗?你可以为自己创造你想要的生命体验……安静……安静……安静……"

安安没有回答,但做了深呼吸。我可以确信,那是内在开始疗愈和整合的呼吸。

我转向红莉:"在这个过程中,你作为我们的观察者,你有什么想法和感受?"

红莉一边流着眼泪一边说:"真是天壤之别呀,我们认为她这里不好,那里不好。我常说,你要努力,你要勇敢,你为什么不争气……我对她只有担心、焦虑和指责,但是你很尊重她。"

我的办公室里一直挂着一幅画,上面写着艾瑞克森的话:生命不是一个你在今天就可以给出答案的东西,享受等待的过程吧,享受成为你自己的过程,再没有比种下花的种子,却不知将会是什么样的花盛开更喜悦的事情了。

我邀红莉和我一起看着。"静待花开……"我说。

最后,我邀请每个人回到此时此地,分享一下今天我们见面的感受。

红莉说:"我很感恩有安安这个女儿。"

我把眼睛望向安安,期待她有触动的分享,但她摇了摇头。

我感到一丝丝失落,但很快地调整了自己的状态,接受安安的反应,然后继续问道:"如果用一个画面来表达当下的感受呢?"(抑郁的人往往语言匮乏,但内在画面丰富,这是他们的天赋,却也往往是造成他们痛苦的原因。)

安安说:"白色里面的光。"

我做了一次深呼吸,把这道"白色里面的光"带到心里:"安安,我感受到了……白色里面……的光……这个画面引起了我的共鸣,我能够感觉到它对你很重要。我会支持你,祝福你,祝你梦想成真……在你的生命中创造更多的安静……像是白色里面的光,纯净、安详、平静、自由、安静、享受(赋予意义)……白色里面的光……在未来,祝你梦想成真。"

我带着催眠性的声音,希望能把这些共鸣和祝福灌溉到安安的身体中心。如爱尔兰诗人乔治·奥多诺霍所说的一样:

"愿一缕轻风把这些充满爱的话语吹向你

环绕在你周围

像一件隐形的美丽披风

眷顾你的生命。"

我向安安伸出手,她也回握住我的手,静静地停留了五六秒左右。

最后,我向她们母女表达了对于她们到来的感谢,在这个喧嚣的世界,因为这一次相遇,我的心更加打开了,更安静了……

两千多年前,被称为西方哲学第一人的泰勒斯说:"我是一个人,不要让任何人性的东西与我疏离。"

问题之所以成为问题,是因为我们暴力地、非人性地对待内在那些本是人性的自然的存在。如果,内在不同的面向,都得到人性的连接和触碰,那么,疗愈一定会发生。

那七只宠物的名字,我后来依然记得,不羁、太阳、狮子、小六、小白、乐乐、甜甜。它们,是闪耀在生命中的光。

艾瑞克森曾说:"所有人在属于个人的生命历程中,早已拥有解决自己困境的丰富资源。"

有很多种方式,可以让我们重新连接到内在的资源。比如,在你的生命里,谁真的爱你?支持你?那种感觉就像是,我相信你,你去做吧,你去做吧……也许是你的老师、宠物、朋友、亲人……花一些时间,留意一下谁出现在你的脑海里。

经历越多,我们越会明白,生活是起落不定的,关系是复杂的,世间充满着无常的变化。而不断地重新连接内在资源,会让我们在无常中得以安住。

在面对挑战的时候,和内在资源进行连接,让我们可以体验到,自我依然是完整的、丰盛的,而外在的变化并不意味着自己必然也会陷入混乱和分裂。

当我们越来越多地练习连接资源之后,我们会获得支持,获得力量,并不断生长出坦然自若的自信和稳定。

生活不容易,有很多的挑战,我们也注定会受伤。

但每一个人在自己的生命里,都拥有丰盛的资源。

等待你擦亮眼睛去发现,并携带着这些丰盛的资源朝向生命的旅程。

那么,好事会不断发生。

如佛陀的教导:从来没有黑暗,只是光没有照进来。

童年伤痛：
我觉得他们欠我一个道歉

童年时的压抑委屈，
蛰伏着，演变成火一样的抗争能量

在我接触过的咨询个案里，常常会遇到一些把自己训练成"职业病人"的个案。"受害者"是他们主要的身份认同，并且非常常见的是，他们描述这种身份认同的"故事"的方式，进一步强化了他们"受害者"的身份。

·"发生这样的事情，我觉得人生被毁掉了。"

·"小时候妈妈常常指责我，现在我40岁了，也很自卑。"

·"我是单亲家庭长大的孩子，所以我在亲密关系中感受不到爱。"

……

就算时间已过去数十年，事过境迁，他们仍然卡在古老的负面催眠里，重复着受害者的身份、信念、情绪和行为，创造同样的负面现实。

我为这些曾经的受害者感到心痛。但同时,也期待他们能找到更有效的方式,将童年伤痛转化为资源。接下来,我将通过一个案例,分享如何一步一步化解伤痛,如何理解伤痛和症状不断重复到来的意义,如何回应这份伤痛,如何与那个受伤的小孩相处,并给"她"一个温暖的安身之地。

这是李洋和我的第五次咨询,她40岁,内向,独自抚养一个孩子,从事科研工作。因为亲密关系的伤痛,还有无法抑制的情绪泛滥而来找我咨询。

在过去的几次咨询中,她几乎都是千篇一律的开场白。每一次她都会重复地提到,现在她生命中出现了这么多问题,都是因为她小时候被父母指责、操控,以及父母对她的不尊重,让她的童年有很多创伤,创伤的经历又如何影响着今天已经40岁的她,影响着她的情绪状态,影响着她的家庭、工作和关系……每一次提起,她都陷入充满愤怒、委屈的情绪浪潮。这一次见面,我打算在这个议题上做出一些突破。

咨询的开始,她向我谈起前两天带孩子去公园玩的经历。她说:"我们在公园玩了一阵子,后来我儿子和另外一个小孩因为争玩具,互相推搡了一下,我儿子就哭了。看到儿子在哭,当时我只有一种冲动和想法:如果我的儿子被欺负,我不站出来保护他,会不会对我的儿子有影响呢?如果我不为他讨回公道,我的儿子会不会觉得我是个软弱又没有力量的妈妈呢?"

她接着说:"所以我一定要去抗争和争取些什么!这个念头一闪而过,于是我冲着小朋友的妈妈,开始大声地指责。没想到那个小朋友的妈妈也毫不示弱,嗓门甚至比我还大。我们激烈地争吵起来,场面一下子就越演越烈,有点儿一发不可收拾的感觉……"

停顿了一下,她说:"当时,我就是有一种强烈的冲动涌上心头,我非得要去抗争些什么,要不然情况就糟糕了。可是,事后平静下来,我也觉得只不过是两个3岁小孩子间的小争执,我……我为啥要找那个小孩的妈妈大吵大闹。"

李洋向我诉说的同时,我脑海中浮现出她在过往咨询中常常跟我说到的一个经历,在她六七岁的时候,只要她吃饭拖延一两分钟,父母都会把她大骂一顿。所以从那时候开始,她只能选择忍受和屈服,做父母眼里的乖孩子,这样她才有好日子过。但是,她的内心一直有一种抗争,想争取回属于自己的尊严。

一直到现在,虽然她已经40岁,这种抗争在她内在从未停止过,甚至她曾找父母争论,想让父母认错,承认过去给她的种种不公平对待。

在一次家庭聚会中,她公开质问父母:"难道你们不觉得欠我一个道歉吗?"然而,她的父母并不认为自己做错了,还认为这种教育方式是对的。

她无法从父母那里获得想要的"公平",内在这股强烈的抗争能量一直潜伏着。

这也反映在她和他人相处的过程中,虽然在别人面前表现出温顺的样子,其实她内心有很多的想法不敢表达。但当看到别人表现得特别好的时候,她又会觉得自己很差劲,不够优秀。内在这些冲突体验,让她把这一切归咎到童年被父母不公平对待和束缚,是父母造成了今天这样的自己。

每一次触碰到这些冲突的感受时,这种火一样的、愤怒的、抗争的能量就会淹没她,有一种强烈的冲动涌起:我必须要找回属于自己的公平!

这个内在呐喊的声音一直存在着,以至于即使是两个小朋友之间的矛盾,都能引发她内在这股要抗争的能量,让她退行回到一个小孩的状态。

抗争的能量,是你的生命之火

我静静地听完李洋的讲述,柔和地看着她,带着调侃、顽皮的声音对她说:"因为两个小孩之间的小争执而变成两个成年人之间的大争吵,那一刻,你觉得你是在一个什么样的年龄呢?是一个成熟的女人,还是一个退行回到几岁的小孩呢?"

她若有所思地点点头,说:"那个时候我根本就是个小孩!我脑海里浮现出成长过程中,父母对我的禁锢、控制、指责的画面,于是就想去抗争、去争取,把这种愤怒的情绪发泄出来。同时,我也担心我的孩子如果看到我的懦弱,不去抗争,会对他的成长造成负面影响。所以我一定要争取一些什么，要抗争些什么，争取回属于我的公平。"

我看着她，深深地做了一次深呼吸，去感受在她还很小的时候……她感受到的某些"不公"的对待，没有人能够在那个时候帮到她、安慰她。为了能感觉好过一点儿，为了能够活下去，她只能压抑这股火一般的能量，压抑对世界可以说"不"的力量。

我连接着她的身体中心，这个能量升起的地方……带着尊重、善意对她说："李洋，我想对你内在这股抗争的能量说欢迎，欢迎……在这个地方，有一个存在，我想给'她'很多的尊重……在这里，有一股火一般的能量、一股生命力，'她'对你来说很重要。'她'是你的生命之火，也是你的生命力之源，'她'是你所有的力量所在。我想对这个美好的存在说：欢迎……欢迎……欢迎……

"我在想，也许你曾经把这股火一般的能量带入世界，呈现在家庭的场域中——妈妈，我不！妈妈，我也有自己的感受……妈妈，我不！但是，李洋，真的很遗憾，也许，父母认为这股刚强、勇猛的能量是不好的，这火一般的能量是有伤害性的……你只能把你内在的那个'她'压抑下去，锁在了地下室。

"但是，今天我很高兴，你开始去探索和学习如何正向应用这些原始的生命能量，祖先带给你的能量、生命力……知道这点，那不是很好吗？祖先的原型生命力想通过你，在世界上正向地、人性地表达，欢迎……欢迎……"

著名心理学家荣格几乎花了一生的时间研究原型，他认为人类的潜意识里有很多原型，它们象征着我们对世界某一部分存在的共同认识。其中，在我们每个人的生命中有三种原型能量：温柔，顽皮和勇猛。

在带着人性的临在去连接这些原型能量之前，这些没有被完全人性化的动物能量，无法在人类社区被正向应用，比如勇猛可能会演变成暴力，温柔会变成懦弱，而顽皮也许会被表达为玩世不恭。

在和李洋的互动中，我意识到一个未被人性化的原型能量到来了，勇猛被表达为暴力。所以我和李洋工作的第一步是，理解这股原型能量不断到来背后的意义："她"想让你连接"她"，看见"她"，"她"想通过你在人世间绽放人性的光辉。

吉利根博士在《爱的勇气》中谈到，症状经验本质上是：原型召唤我们去超越认知自我的界限，并且转变为人类深层经验的一部分。就这一点而言，原型的存在是为了给人提供一些支持，唤醒人对于存在于自己内在和这个世界上的觉知，并引领着人应对在这个原型领域（个案中勇猛的原型能量）中的成长发展。我们也将会发现，人对于原型的支持，同样也是很重要的。二者相互支持，是成熟关系的一个特征。

通过人性化支持的回应，我们能够应用每天的基本经验去发展个人的特质。这也是荣格说的自性化的过程，即成为自己、自我实现的旅程。

接下来，我们要做的第二步就是，把人性化支持的回应，带到祖先的原型能量升起的地方。

生命的河流流过你，你也流过生命。

我对李洋说："当这股火一样的抗争能量来到时，作为一个40岁的成熟女人，是时候把你现在的资源带给那个年幼的自己了。运用你的智慧和技能，去练习把资源带给'她'，帮助'她'，去好奇如何正向地应用这股火一般的能量，在什么时候可以有智慧地说'不'，在什么时候可以说'是'……你可以说'不'，也懂得如何说'是'……

"也许，现在，在你这个年龄，可以对那个年幼的自己说：我看到你了……我感受到这股抗争的、愤怒的能量……这股能量对我来说很重要，它是火一般的能量、活生生的生命力，能够说'不'，能够保护自己很重要……现在我回来感谢你，你是一个很棒的孩子，谢谢你带给我这么多的勇气、力量……现在，我知道，在我的生命中，我不会剔除、去掉这股能量，我想感谢你带给我的勇气、刚强和生命力。

"在40岁的年龄，我已经比过去更有智慧和资源，谢谢你在这里等我，我想回来把资源带给你……让你知道，我很好，我是ok的……也邀请你帮助我、支持我，学习正向地应用说'不'的能量，让我的生命可以活出自在、放松、自由和勇气。

"你现在不需要去抗争。那时候没有资源，你不得不这样做，但是已经过去了，现在不一样了，你现在有很多选择……你有能力开始学习如何有智慧、正向地使用这股火一样燃烧的能量，学习什么时候可以说'不'，什么时候可以说'是'……你可以保护自己，保护自己的界限……你也可以向他人敞开，和世界有更多的连接……运用祖先赋予你的原型能量，正向的刚强，正向的勇猛……温柔、勇猛、顽皮……更多的流动、自由，享受生命。"

她深深地做了一次呼吸，轻柔地点着头……

邀请火一样的抗争能量，
进入更完整的生命空间

曾经有学生问我："童年的伤痛是否会影响一个人的性格和命运？"当时我回答：不全是。因为成年后的你如何回应这段成长的经历，以及赋予这段成长经历意义，决定了是否可以把"问题"转化为资源。

"因为 A，就会导致 B"，这样一种简单粗暴的思考方式，喂养着我们的头脑需要合理性和安全感的需求，却失去了和生命原始动力的连接。这会让我们失去流动性和创造力。什么都需要确定和合理化，是头脑的一个幻想，也是产生问题的原因。因为这样的思考总结让我们变得僵化，成为过去的受害者，而不是对未来有好奇心的创造者。

在生命旅途中，当我们创造一种新的关系、一份新的事业、一个新的目标、一个新的未来时，过去那些未被整合的伤痛，未被疗愈的"受伤的自我"，常常会被唤醒，来到我们前进的道路上。

这就是一个反馈，"他／她"知道你现在已经有了充分的资源，"他／她"在召唤你把资源带到"他／她"那里，这样"他／她"就可以成长和疗愈，可以加入到一个完整的自我之中，朝向生机勃勃的未来。

然而，大多数人不知道如何面对过去"受伤的自我"，神经肌肉锁结的"战或逃"的求生存应激反应，使得自己进入崩溃的状态，紧紧地锁上了不安全感、害怕、脆弱、恐慌。这时，"资源匮乏的自我"占据整个生命空间，而"成熟的自我"离开了现场，消失不见。

当未经整合、受伤的部分，成为你生命中最主要的感受，而成人的你不见了的时候，你会跌落到无尽的受苦时刻。

荣格说过这么一句话，潜意识总是想要平衡。在你的生命中，有些症状之所以反复地出现，是为了提醒你，有些东西一直被你忽略，它们需要被看见、被重视、被连接。

就像李洋，在她小时候，她不得不把那一股火一般的抗争能量压抑下来，因为不允许表达。但到了现在这个年龄，如果不练习如何正向表达，这股刚强、勇猛的能量就会一次又一次地以破坏性的形式表达。即使是面对两个小孩的矛盾，她也会怒火中烧，动物性的能量占据了全身，而成熟的人性离场。那么，她就无法在世界上创造正向的现实。

托马斯·默顿是一位僧侣，他有一句最有名的名言：我之所以成为一个和尚，并不是为了受更多的苦，而是为了更有效地受苦。他还说过：当我们相信负面经验不能被转化的时候，暴力和压迫就出现了，我们在恐惧中转身离开，而后以愤怒、敌意、暴力转向内在或者投射到外在。

所以为了疗愈，我们一定要找出方法，对每一种生命中的经验开放，并与之相连。

每一个人生命中的不同面向，如果没有被人类社区、人性的善意触碰和看见，就会演化成一种暴力的呈现，变成一个"破坏性的自我"。所以，带着尊重去触碰这一股能量，去看见和重新连接，那么，就可以去转化和接纳"他/她"成为生命中强大而完整的自我的一部分，并在这种完整中引导改变和创造性的发生。

什么是成长？

让我自己向生命中的一切事物打开，通过打开，越来越成为这个世界的一部分，这就是成长。让每一个部分成为世界的一部分，就是成长。不需要制止那一泓伤痛的泪水，而只是给这一泓泪水一个温暖的安身之地。

自我感错位：
孩子不是父母自我感的延伸

孩子的问题，
往往源于父母的自我感错位

诗人纪伯伦说道：

你的孩子，其实不是你的孩子，
他们是生命对于自身渴望而诞生的孩子。
他们通过你来到这世界，却非因你而来，
他们在你身边，却并不属于你。

记得在我孩子1岁多时，有一次出门经过他午睡的房间，看到正在酣睡中的孩子，我过去轻轻地抱着他，良久也不舍得放手。突然间，有一种感觉涌上心头：天啊！我抱着的不是我的孩子，而是我自己，我抱着的是我小时候的自己，我对他的疼爱，是我对自己的爱……在那一刻，我觉察到，无意识中我把我的自我感延伸到了孩子的身上。我暗暗提醒自己：仕明，未来不要把你对自己的期待寄托在孩子的身上啊！记得照顾好自己内心的需要，也要祝福孩子成为他自己啊。

纪伯伦的诗真是很好的提醒：孩子并不是父母的复制品，也不是父母自我感的延伸。

在咨询工作中，我常常发现孩子的问题，往往是父母的自我感错位导致的——父母把"自我的存在感"建立在孩子身上。父母的"自我感"随着孩子的"好"或"不好"而变化，于是，这样的"纠缠"让孩子的生命背上了沉重的包袱——为了满足父母的期待而失去了自己。

静文的孩子原本非常优秀，但六年级那年，他突然因为颈椎问题引起头痛而休学。遍访名医，都查不出原因。从那以后，孩子就再也没有重返学校，一直辍学在家。

她回想起来，孩子的颈椎可能是因为常常低头数扑克牌，锻炼记忆力而出的问题。她非常悔恨自己的严苛给孩子造成了太大的压力，每天放学后的奥数班，周末学习大脑记忆方法，填满所有课余时间的补习班……孩子参加了各种比赛，也拿了不少奖项，却不曾想，这些荣誉原来早已压得孩子喘不过气了。

她身体紧绷，声音急促地诉说着自己的情况："我儿子已经休学两三年的时间，他本来应该读初三了。可能孩子的成长过程中，我和老公对孩子的要求太苛刻了，对孩子的操控过度了，对他造成了很大的伤害。以前我们担心他不去上学，但现在非常担心他以后的人生。"

我一边感受着静文面临的困境、挑战和纠结，一边引导她通过身体调频的方式，回归到身心的中正状态："静文，让身体找到一个舒服的坐姿，允许自己沉淀下来，把注意力从过多的思考转换到呼吸上，放松紧绷的肌肉……让气息流经身体，放松……放松……让气往下，让重量往下沉，放松，并让臀部重量往下沉，享受踏实的美好体验，感受更多的宁静，深深地存在于当下。"

回归到中正状态，可以打开一个比问题更大的空间，抱持生命中复杂的状况，为脆弱或是问题提供一个"安全的家"，安定下来。呼吸，慢下来，放松紧张的部分，带着专注的稳定力，在混乱里待一会儿。然后，去好奇如何连接问题以外更多的资源，去触碰故事以外的人生。

而在崩溃的状态中，我们会被神经肌肉锁结紧紧锁在"问题地图"中，困在自我的有限历史中，卡在问题里打转，而忘记真正想要去的地方是哪里。拿着"问题地图"无法帮助我们找到新的目的地。

我继续引导静文："静文，我听到了你现在面临的挑战，真的很不容易。但我也留意到，从开始到现在，你只是谈到了你的问题和你不想要的东西。我很好奇，你来找我，希望通过我们这一次见面，可以为你的生活带来怎样的不同呢？"

她愣了一会儿，马上又回到过往的故事里，继续述说着："以前我带着孩子做了一年的心理咨询，那个时候的意图是让孩子去上学。当时的老师用一些脱敏疗法，让孩子慢慢脱敏回学校的恐惧，但最终没有成功。现在孩子很抗拒做心理咨询，所以我真的不知道怎么办了。"

她叹了口气，静默了几秒钟。

"静文，试一试想象一下，通过我们这一次见面，你最想生命中发生怎样的改变呢？"我又一次问道。

我在尝试着让静文触碰未来的正向意图和画面，从专注问题的状态，转变为让意识扩展到未来理想的状态。

"我……我觉得我的人生好像要垮掉了，我人生的前半段都比较顺利，没有什么挫折，但这一个挫折真的把我压垮了。"

静文继续喃喃自语，忽略我的提问，很明显，她习惯性地一次又一次地掉入问题的崩溃状态中。

神经肌肉锁结的状态，会阻断我们与身体的连接，让我们无法得到身体智慧的贡献，无法以一种专注的稳定力，连接到比思考和行为更基础的精妙的能量场，也无法体验到更深层的潜意识智慧和生生不息的创造力。这往往是让我们的人生无法突破的原因。

生生不息改变有一个指导原则：我们的状态创造出我们的现实。

如果来访者没有处在高品质状态中，我会尝试不同的方法，确保来访者能够带着有创造力的状态进行更深入的疗愈工作。

"静文，在你平时的生活中，你做些什么，就会让你放松、平静,并感觉和这个世界有更深刻的连接呢?"

静文马上接过话:"我现在每个星期都练习瑜伽,去健身房缓解自己的压力。我不断在学习,听一些课程,但有时候工作忙起来耽误了一些课程,我就很自责,认为自己不够努力。"

"很开心你为自己做这些很棒的事情,但同时,我也能够感觉到你对自己很苛刻,是吗?"

"嗯,我对自己非常苛刻,害怕犯错、失控,所以我每天都很焦虑。"静文像一个犯了错的小女孩一样说着,"还有,我老公也是很自律的人,他对儿子的要求也很严格。可能,家庭里的紧张气氛也施加在孩子身上了……"

"嗯……所以,现在你的孩子就跳出来啰……对吗?在小的时候他无法反抗,但现在青春期,他多了一些能量反抗,所以,他跳出来了,用'症状'表达,为了你们的家庭回归到平衡……用辍学停下来的方式,平衡这个家庭中紧绷的能量……对吗?你听到我这样说,你有什么感觉呢?"

她静默了好一会儿,喃喃地重复:"平衡……平衡……"

静文的神情告诉我,刚才或许触碰到了她内在的某个部分,但也超越了她的某些认知。

我轻柔地呼吸着,看着静文的眼睛,说:"你的孩子或许在用辍学的方式,让家庭、父母开始回归到内在的觉察。就像你之前提到的,你的人生本来看起来很顺利,以为只要对外在有更多的控制,你就可以保住一切。你要更努力,更用力,更强迫自己,更苛刻……但是,如果家庭的场域中这股动力过于紧绷、沉重,这个时候，家庭中就会有一个人跳出来，让你们不得不去反思自己，把家庭的失衡重新带回到平衡之中。"

孩子的问题，
喻示着家庭中某个部分失衡了

孩子是家庭的天平，当孩子出现问题的时候，其实喻示着家庭中某个部分失衡了。孩子把潜在的问题带到家庭的场域中，让其他家庭成员意识到，并帮助把失衡重新带回到平衡之中。

我们把意识的觉察带到没有觉察的潜意识中，这将是朝向转化的起点。

随着咨询工作慢慢展开，我和静文继续更深入的探索。

静文谈到她孩子在前段时间，把打游戏的攻略做成一个视频发到网络平台。几天的时间，视频点击量超过一万多，还赚了30多块钱，孩子很有成就感。她也非常肯定孩子："真的很开心呀，这是你自己的劳动赚来的第一笔收入！"

我做了一次深呼吸，让静文描述的这个温暖的场景经过我的心。

"静文，这个画面很温暖……你在做一个妈妈能够做的最好的事情，给孩子支持和鼓励……"

"嗯，但是……现在孩子辍学在家……我对孩子的未来很担忧……我每天都担心得睡不着觉……孩子这个样子，我觉得我的人生都毁掉了……"

只是几句话的时间,静文再次掉入一种古老的负面催眠中。

"老师,我……我觉得我的人生没有希望了……"颤抖的声音从她紧绷着的身体里渗透出来,一个"脆弱的自我"加入我们的关系。

我轻轻地呼吸着,在心口的位置打开一个空间,给这个"脆弱的自我"一个家,静静地和"她"待了一会儿。

"静文,你的人生?静文,你可以和我一起想象一下吗?如果没有任何问题拉扯着你,你最想活出的人生是怎样的呢?"

"嗯……嗯……我最想的是孩子事业有成、健康……"

"嗯,静文,我的问题是,你的人生……"

"我的人生……"

一阵沉默……但在这个静谧的空间里一些新的东西开始流动。

"也许,父母能够给孩子最宝贵的礼物是——父母自己活出绽放的生命,活出自己的人生。"我温柔地看着静文的眼睛说。

接着,我告诉她一个让我非常感动的故事:

"我的好朋友小健,在小学时有一次数学考试考了 30 分,在班里被老师点名,当众宣布全班倒数的排名,小健感觉羞愧难当,偏偏老师还规定必须要父母在试卷上签名。回家的路上小健战战兢兢,想到妈妈可能的反应,妈妈看着自己的眼睛……他很害怕自己再也不是妈妈眼中原来的那个好孩子了。

"他好不容易鼓起勇气,终于来到妈妈面前,把试卷递给妈妈,手一直颤抖着。没有想到的是,妈妈带着放松的、信任的状态,毫不犹豫地签名，然后对他说，孩子，你不会因为考了 100 分，更有资格做我的孩子，你也不会因为考了 30 分，就没有资格做我的孩子，无论怎样，你都是我最爱的孩子。妈妈和爸爸的人生不需要你的成绩来证明，无论你的成绩怎么样，我们都已经拥有自己圆满的人生。同时，学习是你自己的责任，我把这个责任交回给你，加油哦，妈妈相信你！

"小健说，他永远记得这一个场景，因为妈妈的力量让他感受到自己的力量，让他知道什么是外在世界，什么是他自己——我不需要 100 分，也可以得到爱，但我依然可以追求 100 分，因为那是我自己的追求，是我人生旅途中的风景。这带给他无比的笃定和踏实。"

静文听着，两行泪水缓缓地流淌下来。我停下来，好让我们一起静静地感受着，在我们之间，一股笃定而又温暖的能量流动着……

"是的，老师，现在我明白了，孩子做得好的时候，我就很开心，觉得很有价值感；孩子出现问题了，我就觉得自己的人生毁了……甚至我对自己也是这样，只有我很努力，把所有事情都安排得很好，按照计划的结果发生时，我才会觉得自己是有价值的。我的自我感总是随着外物的扩展而扩展，随着外在事物的萎缩而萎缩……"在几次整合的呼吸后，静文若有所思地说。

"嗯……所以……静文，这真是很棒的洞见。你自己的生命，你的存在感，你的自我感的延伸，不是在孩子身上。你能够在你和孩子之间创造出一个'健康的距离'，一边连接着你自己的中心，一边连接着孩子，而不是把自己完全交出去。你不再把你的自我、期待延伸到你孩子的身上。你的存在感不是来自你的先生，也不是来自任何人，而是来自连接你自己。作为成熟的女人，你能够连接自己，爱自己，享受每天的生活，允许自己犯错，允许自己放松，连接身体的中心，根扎大地——我的地盘，我的存在。你能意识到，从你的中心进入每一天，进入世界，生命总是从你开始……

"人在这个世界上存在的意义，就是存在。存在的本身就是存在。也许，这个存在的体验就是：我享受着当下的呼吸，我的心为当下的一切事物打开，让生命的河流流过我，有悲伤，有担心，有脆弱，也有力量、勇气、喜悦……而我也流过生命……带着呼吸，带着好奇，带着正念与生命之流相遇。"

静文静静地闭着眼睛，身体放松，轻柔又细长地呼吸着。我想象着我的话语像一缕轻风，拂过静文。

存在的意义，
即存在本身

存在的意义，就是存在本身。我们存在的经验，可以通过觉察和连接身体中心得到培植。

我和静文的旅程要告一段落了，我再次邀请静文闭上眼睛，做一个内在整合：

"静文,我邀请你连接自己的身体中心,把手轻柔地放在心的位置,把呼吸带给自己的心,跟这个很重要的地方说:我看见你,我感受到你的存在,我接纳你……我接纳你存在的任何姿态……你就这样,不需要改变,我就可以爱你,你就这样存在,就是存在的本身,我爱你……

"然后我邀请你,继续连接你的心,想象你站在孩子的面前,去感受你孩子连接他自己的心,去体验他来到这个世界上不为证明他的父母有多优秀,也不为证明自己是否值得存在在这个世界上……他连接自己的心,他的心在呼吸,鲜活的心,鲜活的生命。你的孩子连接着存在本身,连接着生命的原动力……

"然后你感觉到你自己的心连接着孩子的心,你跟他说,孩子,我看到你了,亲爱的宝贝,我感觉到你,我接纳你,你不需要改变,你就这样,妈妈就可以爱你,爸爸就可以爱你……亲爱的孩子,你就这样,你不需要做任何证明,妈妈已经存在于这里,有自己的意义,存在的意义……孩子,真的很感恩,你的生命通过我们而来,这真的是生命的恩典,我们爱你。

"在这个地方待一会儿,做一次呼吸,为你的内在做一个整合,看到未来的改变……和孩子一起朝向未来,闪闪发光的未来……美好的画面……温暖……平安……享受……自由……那真的是很棒……那真的是很棒……"

在生命的旅途中,我们常常通过他人的眼睛,通过他人的凝视,形成某种看待自己的方式,成为他人眼中的自己。

但如果，我们总是无意识地将别人，尤其是重要关系中父母、伴侣、孩子的"好"或者"不好"，内化等同为"自我的存在感"，我们就无形中把我们的自我交给了其他人。

那么，我们的自我感就会随着人们看待我们的眼光变化而变化、扩展而扩展、萎缩而萎缩，我们将迷失自己，不知道自己是谁，也看不见自己身上的闪光点。

孩子并不是父母的复制品，也不是父母自我感的延伸。我们要认清这一点，并不断地通过练习回归身体中心，回归到自我的存在之中。那么，我想，你会在关系中找到更多的和谐、力量、清晰与稳定。

练习：
创造性地接纳"自己"

本章的练习，我想以著名德语诗人莱内·马利亚·里尔克的一首诗开始，这首诗收录在他的《时光之书》诗集中。

里尔克早年还是一个穷学生时，住在教堂旁边的一间小房子里，每一个整点，教堂的钟声就会传来。咚……咚……咚……你可以想象，里尔克就在这小房间里作息、创作，一般人可能都会觉得钟声好烦人啊，它会影响工作和生活。但是，里尔克打开了身心的管道，与钟声共振，一会儿，新的体验，新的灵感，新的意义……从内在深处升起。

里尔克在他的诗里写道：

钟声敲响，
就在我头顶的上方，
清晰，锋利，
感官在钟声中震荡。

我感受，

我拥有一种力量，

去触摸世界，

给它塑造成型，

万物静立，

等待我的抱持，

否则他们就不会成为真相。

是我的注视，

让这一切成熟，

我的目光，好像是一个新娘，

看着一切向我走来，

去遇见

和

被遇见。

吉莉 译

想象一下，如果当时还是一个穷学生的里尔克，生活落魄，蜗居在破落的小房子里，听着钟声一次次地响起，不断地打扰着他的作息、写作，干扰着他的状态，他不停地抱怨：

- 为什么会这么惨？
- 太烦了！
- 为什么只有我这样！
- 等我有钱了，我一定要离开这个鬼地方！

如果里尔克处在这样一种崩溃的状态中，也许他就无法写出这样启迪智慧的诗篇。他没有抱怨一切流过他生命中的事物，而是打开他的身体、感官，让一切到来的事物流经他……就像他说的：如果我没有这样一种力量去抱持，没有我的注视，没有我的遇见，这一切都不会成熟；如果我崩溃了，我就变成了一个受害者，而不是创造者，那也许只会让生命难上加难。

在他的诗里我们可以看到，里尔克让一切发生的事物流经他，他打开他的身心，让一切意识的河流流经他的神经系统，流过他的心灵。然后，内在深处有某些新的东西被唤起，他从那个地方得到了灵感，领受了这一份生命的礼物，并且把它以文学作品的形式表达出来，为自己，为这个世界的人们带来美感和智慧。

当真正的接纳发生时，创造力和新的可能性就自然涌动出来了。

创造性地接纳，并不是平平地接过来，吞下去。无奈地接纳只不过是一种无奈的、不得不的、合理化的认命，是带着焦虑的屈服。

创造性的流动被神经肌肉锁结里紧缩的自我意识堵塞了。在神经肌肉锁结里我们僵固地认同场域中某个特定部分，排斥其他部分。

创造性地接纳，就像打太极一样，我们将自身调谐到一种生生不息的流动状态中，触碰到生命的不同面向——挑战、问题、障碍，无论那是什么，触碰它，接过它，把它带入一个更大的场域中，加入生命旅程，成为生命整体的一部分。

无奈地接纳就像是往堵塞的管道里灌水，而创造性地接纳就如一朵浪花重新回归到海洋里。要做到创造性地接纳，我们需要很多的练习：一是自我觉察，二是与宽广无边的生生不息场域连接。

把个人的自我觉察带到一个更宏大的意识场域中,向万事万物打开,技巧娴熟地运用我们的神经系统去吸收,用我们的意识去表达,语言的、非语言的,带着气的流动,让人性的临在去抱持和触碰。放下评判、抗拒、排斥、解离,接过"他/她"、感受"他/她"、聆听"他/她"、了解"他/她",让"他/她"流经我们的身心,进入世界,帮助我们朝向生机勃勃的未来。

以下这个创造性接纳练习,是一个帮助我们正确应用人类神经系统的意识训练,能让我们变得更有意识、更有觉察:

· 从气的堵塞到气的流动;
· 从意识的僵化到意识的扩展;
· 从而帮助我们在旅途中保持生生不息的创造力。

我们从当下的地方,把意识的觉察带到没有觉察的潜意识,让事物保持在道路上,帮助我们朝向最想创造的正向意图和美好的未来。

我们会运用到三个重要的感官,运用我们看到的、听到的、感觉到的。让生命的河流流过我们的时候,我们也流过生命。引领着意识河流的方向,帮助我们朝向自己想要去的未来。

1. 安顿下来。

现在,我邀请你找到一个安静的地方,站在那里,慢慢安顿下来,做几次自然的呼吸……吸进来,进入内在,让你的内在变得宽广……当你呼气的时候，放松，放松，放下，放下……

再做一次呼吸，吸进来，放松你脸部的肌肉，放松你的肩膀，让气息流经你的身体……当你呼气的时候放松，放下，放下……让你的双脚感觉到根扎大地，让你的身体朝向宇宙、天空，去打开，打开，打开……

呼吸着，在天和地之间打开一个垂直的身心管道……安顿下来，呼吸着……在天地之间……根扎大地……放松……放下……打开……

2. 设定正向意图的身体姿势。

当你做了几次很棒的呼吸之后……我邀请你去连接身体的中心……从那里去感受，去聆听……在你生命中，如果有一个非常重要的正向意图……一个未来美好的画面……从身体中心去连接……去表达"在我的生命中，我最想创造的是……"

做一次呼吸，让这个意图、画面触碰到你的心，感受到这个意图与你的共鸣：在我生命中，我最想为我自己创造的是……

然后说出来：

· 也许是在关系上，我最想创造一段亲密的关系；

· 也许是我和我自己的关系，爱自己、接纳自己；

· 也许是在我的事业上，我最想创造更大的价值；

……

无论是什么，做一次呼吸，去触碰到一个非常重要的意图：在我的生命中，我最想创造的是……

当你说出来之后，我邀请你用一个身体动作去表达它……现在，往前踏出一步，然后做出表达意图的身体动作：在我的生命中，我最想创造的是……

用一个身体姿势去表达这个意图，这个身体的姿势是怎样的呢？在我的生命中，我最想创造的是……

你说出来，同时找到一个和身体共鸣的姿势表达这个意图：在我生命中，我最想创造的是这个，是这个……

在这个身体姿势中待一会儿，做一两次呼吸……当你找一个表达正向意图的身体姿势之后……慢慢地往后退一步，回到原来站立的地方，安顿下来，做一次呼吸……

3.让所有视觉上的画面流经我。

现在，我邀请你把觉察带到你的视觉感官上，看到内在的画面……做一次呼吸，当你闭上眼睛的时候，觉察你看到的是什么。也许是黑暗里的光，也许是你在亲密关系中的画面，也许是你在工作时的画面，也许是你感觉到担心的一个画面，或者挫败的一个画面……

无论是什么，做一次呼吸，打开身心的管道，让这个画面流经你……跟自己说：现在，我觉察到了，我看到了……

然后把这个画面说出来：我让它经过我，流过我，帮助我……

往前踏一步，来到你面前的地方，继续说：让它经过我，流过我，帮助我，在我的生命中，我最想创造的是……

说出你的意图……做出表达意图的身体动作……在我的生命中，我最想去的地方，我最想创造的是……做出身体的动作、意图的动作……在这里做一次呼吸……待一会儿……在生命的旅程中，轻柔地把握着一个美好的正向意图，让生命的河流永远向前，朝向你想要去的地方……

在这个身心共鸣的身体动作里待一会儿，做一两次呼吸……体验……感受着……

4. 让所有听到的声音流过我。

现在，当你准备好后，往后退一步，安顿下来，打开身心的管道，打开你所有正念的觉察，去觉察你听到什么。也许是内在的声音，也许是外在的声音……

也许内在有一些声音冒出来：我做得对不对呀？我做得好不好呀？别人会怎么看待我呢？

也许是听到外在的一些声音：房间里的声音，我的声音，外面风吹动的声音……

无论是什么，做一次呼吸，打开身心的管道……把你的觉察带到当下，不评判、不排斥，如实观照……让一切存在的事物，流过你，经过你……

然后说：我允许它经过我，流过我，帮助我……

往前踏一步，继续说：让它帮助我，在我的生命中朝向我最想去的地方，在我生命中，我最想创造的是……

做出这个正向意图的动作，在这个身心共鸣的未来里待一会儿，呼吸，感受，静静地待一会儿……

5.让所有我体验到的感受流过我。

当你准备好后，往后退一步，再一次安顿下来，打开身心的管道，打开你所有正念的觉察，觉察你的内在，现在有怎样的感受。

也许是不确定，也许是不安，也许是平静，也许是挫败……无论是什么，做一次呼吸，把你的觉察、你的善意带到那个地方，和那个存在说：现在，我觉察我的内在，我感受到了……

说出来：我允许它经过我，流过我，帮助我……

往前踏一步，继续说：让它帮助我，在我的生命中朝向我最想去的地方，在我生命中，我最想创造的是……

做出表达意图的动作，感受到身心共鸣……在这个美好的未来里待一会儿……呼吸，感受，静静地待一会儿……

6.整合。

当你准备好了，往后退一步，回到原来开始的地方，再一次感觉你整个身心管道打开，去体会你的身体……呼吸着，连接着天地之间，让你的心完全向世界打开，让生命的河流流过你，经过你，帮助你朝向生机勃勃的未来。

作为一个人的存在,你拥有这样一种才能、天赋,你可以每天应用生命中流经你的所有经验,发展出独特的生命、独特的天赋、独特的表达,成为你自己。

做一次呼吸,去体会:无论是什么,你都可以让生命的河流经过你,流过你……并从它那里拿到生命的礼物,体验到生命的深刻、生命的爱、宇宙的爱……

将体验到的说出来:我是被爱的,我是被祝福的,我在宇宙之中,宇宙也在我的内在,我拥有宇宙的爱。任何来到我生命中的一切人、事、物,都是为了帮助我活出一个更伟大的生命,一段潜能无限的旅途……我可以调频我的身心管道,让生命中一切的事物,让宇宙中一切的生机、能量流经我,帮助我活出一段伟大的生命旅途。

这样的学习,能够帮助我们看到作为一个人拥有的才能——我可以调频我的身心、我的神经系统,我可以让任何事物、任何发生流经我,经过我,朝向生机勃勃的未来,朝向美好的未来。那真的是很棒……那真的是很棒。

谢谢你和我一起做这个美好的练习,就像艾瑞克森说的:在生命的旅途中,遇到的一切事物,无论是什么,都是可以正向应用的,可以帮助我们活出一个美好的人生。

>>> 第三章
# 聆听，连接关系中更深的渴望

你来到这个世界，不是为了疗愈任何人；
你来到这个世界，是要活出完整的自己。

你今生的任务不是去寻找爱,
只是寻找并发现,
你内心构筑起来的,
那些抵挡爱的障碍。

——

《鲁米的诗》
鲁米
梁永安 译

原生家庭：
爸爸妈妈，让我来拯救你们

我们无法忍受他人受苦，
特别是家庭中的成员

一位正在亲密关系中遭遇挑战的女士，在咨询中向我诉说着她丈夫在成长中遭遇的不幸和创伤。她丈夫常常莫名抑郁、冷漠、愤怒，她感受不到和丈夫之间的亲密和连接，希望自己能够"治好"丈夫的创伤，将他从过往的痛苦中拯救出来。但没有想到的是，当她有意无意地这样做的时候，他们之间的关系却越来越紧张了。

她说："老师，我想让我老公来见你，你来帮助他可以吗？"

"抱歉！我无法做到……"

"为什么呢？"她一脸茫然。

"因为，我不能和你站在一起来证明你丈夫有问题，也不能与你一起共谋，将你的人生投注在拯救他人身上。"我温柔又坚定地说。

拥有良好亲密关系的秘诀之一：在亲密关系中，伴侣各自负责疗愈自己的童年创伤。简单地说，谁痛苦，谁改变。

但是，不只是这位女士，大部分人都有"拯救者情结"。

嗯，我也是。作为家中长子的我，"早期的誓言"就是：

- "我一定要照顾好家里的每一个人。"
- "我要为我的家庭负起责任。"
- "我要成功，不要让父母这么担心。"

……

现在，说出这几句话时，依然有一阵悲壮的感觉涌上心头。

记得那一年创业失败了，明明已经没有班可上，仍然每天早上背上包，经过客厅和爸妈说再见，装着去上班的样子，怕父母担心……无论在外面受了多少挫折，只报喜不报忧，从来不提出自己的需求，只想满足父母的感受。

如今在50岁的年纪，我明白了，我需要常常回去，拥抱幼时那个发誓的孩子，对他说："你真是一个好孩子，对你的父母和爷爷奶奶有那么多的爱。但是，你也有自己的生命道路，你自己也是需要被疗愈、被爱的。"

存在主义治疗大师欧文·亚隆在他的书《妈妈及生命的意义》中提到：为什么在我生命的最后还要问"妈妈，妈妈，我表现得怎样"，难道我的一生都以这名可悲的妇人为主要观众吗？

"妈妈，妈妈，我表现得怎样"，连大师都难以避免与亲人的羁绊，更何况我们。当看到自己的伴侣、家人受苦的时候，我们往往忍不住要去拯救他们，想将他们从"水深火热"中解救出来。

然而，我们不得不承认，"我想拯救他／她""我想帮他／她去除痛苦"，这股内在动力的背后，有一部分也是希望这样做可以让自己感到好过一点儿、好受一点儿。

很多时候，我们无法忍受他人受苦，特别是家庭中的成员。

我们不妨做一个简单的实验：请你想象自己的父母正处在一个受苦的境地，可能是身体的苦，或是心理、精神的苦——你从原生家庭中转身朝向未来，建立自己幸福美满的家庭，创造成功的事业，享受属于你自己的生命时，你的父母因为他们自己的原因，抑郁、不开心、没有安全感、恐惧、不安、受苦。

你会有什么体验呢？前面属于你自己的路还可以大步向前吗？如果你毫不犹豫地大步向前，朝向属于你自己的幸福未来，你心里的感受会是什么呢？

大多数人也许会感到愧疚，或许，与此伴随着的想法是：我不能让他们痛苦，我不能扔下他们不管，我要让他们快乐，我不能只管自己幸福。

如此，完整的心有一半留在了过去，有一半想要去未来，这样的撕裂，让我们受苦。

同甘共苦的感觉，可以减轻我们的负罪感，让我们内心感到"清白"。这样，我们就可以归属于家庭的场域，让我们感觉：我是他们中的一员，我们是"一家人"，我是你们的"好孩子"。

情愿要"忠诚",也不要成功和快乐

很多人心里都是这样想的:

· 如果只是我一个人幸福快乐,而我的原生家庭、我的父母、我的兄弟姐妹都处在痛苦之中,我会很内疚,我没有"清白"感,无法享受属于我自己的生命。

· 如果我不去承担他们的痛苦,我无法感受到我是他们生命中的一员,我没有连接到原生家庭的归属感。

那么现在,一些人难以享受成功和快乐,难以享受自己的生活的原因似乎越来越清晰了。因为他们难以从心理层面与亲人的痛苦分离,他们难以消化心中的内疚,而选择用同甘共苦的方式与苦难中的人保持连接,似乎自己快乐是对家人的一种背叛。他们情愿要"忠诚",也不要成功和快乐。

这种"忠诚而盲目的爱"让我们无意识地成为"拯救者",而非生命的创造者。当然,选择做"拯救者"是无可厚非的事。但是,当我们陷入这种"忠诚而盲目的爱"时,结果往往并不好。我们迟早会失去耐心,开始指责、抱怨、委屈、愤怒——

· "我都是为了你们,我的人生就这样毁掉了。"

· "我已经精疲力竭了,还想我怎么样?!"

于是,关系在指责中开始趋向破裂。或者,我们将这份抱怨转向自身,开始出现抑郁、无力的症状。出于所谓"好的良知"的"盲目的爱",却让我们"纠缠"在一起受更多的苦,陷入恶性循环。

那么,我们该如何阻止或打破这种恶性循环呢?

我们与原生家庭的关系出现问题,或者我们感到自己的生命被卡住,感到抑郁、无力、困扰,此时,"症状"或"问题"的到来就是一个信号,它在提醒我们,也许我们偏离了生命的道路。

"症状"在召唤我们,学会带着谦卑和尊重,放下"包袱",不再负重前行。轻装上阵,放松下来,让心向更大的生命整体和智慧的爱打开,让光进来,让一个新的灵魂进来,开始去疗愈自己,并创造一个空间,去感受家庭中的苦难,而不是去帮他们承担。

我感受到你的痛苦,

也感受到我自己的……

我感受到我的真实本性,

也感受到你的……

我带着尊重去练习忍受你的受苦,

不再将你的苦难背负在自己身上……

如佛陀说,每一个人真实的本性,是空性。空无中闪闪发光,有着无尽的可能性。

每一个人,都可以从这个空无且闪闪发光的地方开始打开,朝向喜悦、朝向生命无限的可能性,书写属于他们自己的生命故事。

用一句更直白的话来讲:你可以在感受上体谅和理解家人或关系中的重要他人,也可以力所能及地帮助他们,但你不需要,也无法成为任何人的拯救者,你只是自己生命旅途的创造者。

生命就像艺术一样,你可以去创造它。每个人的旅途中,都会有无数的创造性元素加入。无论是什么,也许是意图、目标,也许是旅途中的资源,甚至是旅途中的障碍,一些不同的负面体验,你都可以正向地应用它们。

在创造力无限的海洋中学会游泳,到你的彼岸创造属于你的生命,疗愈你自己,绽放你的天赋。然后,带着这份觉悟、这份礼物进入世界。你的存在才会照亮其他人。

就如英雄的旅程一样,聆听召唤,踏上旅程,遇到师傅,精通人生的修炼,转化苦难,领受礼物,然后回归社区,将礼物分享给他人。

在生命的旅程中,你只能自己疗愈自己。你要温柔地对待自己,慈悲地对待自己。

成功需要拥抱负疚感。

请你照顾好自己,聆听自己内在细小的声音:"在我的生命中,我最想创造的是……"

你要明白:你需要为自己的命运负起责任,照顾好自己,将疗愈带给自己。

也请你明白:你无法背负他人的命运,无法承担任何人的苦难,生命有入口,生命就有出口。

我们可以一起练习,连接并打开你的身体中心,创造一个比苦难更大的空间,带着善意、慈悲,有技能地触碰苦、延伸苦,进入世界,进入宇宙,像星星一样闪烁着。

在这个地方，没有拯救，没有逃避，没有掉进苦海之中，而是学会更有能力地触碰苦、超越苦。

你带着这份觉悟和创造力进入世界，你的存在会照亮其他人。

我知道这并不容易，但你可以开始慢慢练习，只有通过上百次的练习，让你的神经地图更有弹性、更有创造力，你才可以更多地去享受美好的生命。

你来到这个世界，
不是为了疗愈任何人

接下来，我会带你做一段练习，希望能给你启发和帮助。

现在，我邀请你做一次呼吸，轻柔地闭上眼睛，想象你的父母、原生家庭中的每一个人就在你的前面……感受一下你和他们之间的距离，看到每一个人……也许有些家庭成员正在经历着痛苦，身体上的、心灵上的、精神上的苦……

你带着爱和慈悲，打开心的空间，给所有的伤痛一个尊重，一个恰当的位置，然后看着原生家庭的每一个成员说：

"亲爱的爸爸妈妈，兄弟姐妹，我知道你们的苦难，我也知道你们承受着生命很多的伤痛，现在我让自己臣服，臣服于生命的河流……

"出于对你们的尊重，我不能拿掉属于你们生命里的任何东西。现在，我把属于你们的包袱还给你们，把属于你们的命运交还给你们。而我也去负起我生命中属于我的责任,面对属于我自己的苦。

"假如有一天我幸福快乐,光明无限,成功健康,请你们为我祝福,请你们为我祝福……无论如何,我永远都是你们之中的一分子,这一点不会变,我爱你们,我爱你们……"

做一次呼吸,慢慢地回归内在,静静地体验一下,你把智慧的爱带到原生家庭中,感受和生命源头的连接,然后带着祝福,转身朝向属于你自己的生生不息的未来。

在这个画面中,会有怎样的不同呢?

或许他们每一个人更放松了,或许他们露出微笑,友善地看着你,给你支持,给你祝福。

虽然有苦痛,但同时一定会有祝福,以及充满爱的连接。

请你将这个画面深深地吸入进来,领受这份美好的祝福,灌溉在身体中心,心怀感恩,然后转身,朝向属于你的未来,毫不犹豫地大步向前。

你来到这个世界,不是为了疗愈任何人,

你来到这个世界,是要活出完整的自己;

你来到这个世界,无法疗愈任何人,

你来到这个世界,只能疗愈自己;

你来到这个世界,也不是为了替代任何人受苦,

你来到这个世界,是为了活出最美的灵性,

将灵魂最美的部分带到世界上,绽放独特的天赋和价值。

每天练习打开身心管道,带着气的流动,回归中正状态,让生

命的河流流过你。而你在河流中学会游泳,慢慢地疗愈自己,温柔地对待自己、爱自己。

玛丽安娜·威廉森在《回到爱中》中写道:

我们最深的恐惧,
不是我们的不足,
而是我们力量无限。
是我们的光明,而非阴暗,使我们惊恐不已。
我们扪心自问,
如果光辉灿烂、天才卓越了,我会是谁?
难道我们不可以成为这样的人吗?
将自己缩小在狭窄的世界里,
以此消除周围人的不安,
并无裨益。

我们生来就是为了呈现内在已有的光芒,
像孩子们一样,
照亮世界。
不是某些人,是每一个人。

我们让自己闪光时,
无意间也允许了他人同样去闪耀自身的光芒。
我们将自己从恐惧中解放出来时,

我们的存在无形中也解放了他人。

廖佩珊　译

我们要意识到：我进入世界，生命总是从我开始，当我成为自己的光，突然间，我的存在照亮了世界。

祝愿你和我都有觉醒的人生。

亲子关系：
你知道我都是为了你好吗?!

"顶包"的案主

"我的孩子还有救吗？"

在咨询刚结束不久，我看到手机中有一条来自来访者妈妈的信息。

来访者是一个19岁的年轻小伙子小杰，他被诊断为强迫症，换了很多次工作，之前做过保安，现在在做电脑组装工作。每一份工作，无一不是妈妈安排的。这一次的咨询也是他妈妈找到我，告诉我孩子想要接受咨询，于是我接下了这个个案。

小杰坐在我面前时，身体左摇右晃，眼神飘忽不定。我很难感受到和他之间的连接。

我稍作安顿，然后问他第一个问题："小杰，这次咨询是你主动想做的，还是你妈妈帮你安排的呢？"

"我妈妈安排的。"他满不在乎地回答。

我点点头，对他见到我时的反应也更理解了。

我看着他,说:"小杰,我真的很遗憾听到你这么说,在你不愿意的情况下,被你妈妈这样安排。"

"对啊,什么都是她安排的,总是说是为了我好,从来没有想过我愿不愿意。"

从事心理咨询工作 10 多年,我遇到过不少类似的情况,在孩子不情愿的情况下,父母依然执着地把孩子交给咨询师,希望咨询师把孩子"治好"。一般而言,这样的情况我会非常谨慎地评估是否接受咨询。但既然现在小杰已经来到我面前,我希望能够尽我所能陪伴和支持眼前这个孩子。

"小杰,我在这里想向你承诺,我不是来改变你的……我不是和任何人站队来证明你有问题;我也不会和任何人结盟,去做一些所谓'为了你好'的事情……我只想陪伴你,在这个过程中去探索和了解你生命中遇到的挑战,在未来你想要的改变……我再一次向你承诺,我不会去改变你,你就这样,我们就可以互相陪伴,去经历探索的过程。"

小杰从摇晃中安定了下来,飘忽的眼神第一次望向我。

"我……我不想再做现在的工作,我根本做不好,压力很大。"

"哦……你从事什么工作呢?"

"我妈安排我到她朋友的公司做电脑组装,我学不会……我压力很大,很紧张。我宁愿回去做以前的保安工作,那至少是我可以做到的。"

"嗯，嗯……"我附和着，却找不到合适的话语去回应。

"我妈还说，要我去上海的投行做白领，你看看我，我连一部电脑都组装不好，她简直是在痴人说梦话！总是说为我好，像我这种人怎么可能做到啊！"

是的，直到这时为止，我是沉默的。我接不上话，我唯一能做的是，放下头脑的努力，保持呼吸，连接丹田中心，安顿下来，抱持着内在升起的无力感，等待……等待……

你能明白吗？你能理解我在给一个"顶包"的案主做咨询吗？这就像一辆车的发动机有故障，我却在修理椅子。

有时候症状呈现在孩子身上，
但不代表他就是案主

通常，当孩子被认为"有问题"时，父母只想通过咨询师搞定孩子，而他们好像置身事外。

在这种情况下，我会把整个家庭作为来访者。因为，孩子只是表面上被指认出来的来访者，症状呈现在他身上，但不代表他就是案主。比如小杰，他的确有强迫症的相关症状，但如果细细观察会发现在小杰的背后还有另外一个人，即他妈妈的参与。

小杰就像一个要实现妈妈意志的机器，他自己的想法和需要是被忽视的。他想要按照自己的意愿行事，就会被定义为"有问题"，被拉来做心理咨询。显然，这是关乎一段关系、一个家庭的问题，而不只是关乎个人的问题。

当咨询师开始思索如何定义"案主"的问题时，要考虑到问题可能存在于个人之内，也可能存在于家庭之中、历史之中。从系统的角度去看待问题时，才会有更宽广的视野。

"老师，你为什么不说话呢？"

"小杰，因为我在等待，我在感受，在你成长的家庭中，作为一个小孩的时候，你独特的灵性是如何向家庭的场域打开的……然后，你的生命能量触碰到父母的时候，父母的回应是怎样的？我想多理解你一点儿，多懂你一点儿，小杰来到这个世界上，小杰最初的灵性想要在世界上绽放的样子是什么呢？"

小杰瞪大了眼睛，似懂非懂地做了一次深深的呼吸……我知道他的内在开始明白，我知道他的内在有个部分正在打开。这是内在整合的呼吸，在他的心里，某个紧绷的部分开始有一些松动了。

"小杰，我真的很遗憾，你内在真实的声音没有被听见、被理解……你的需求也没有被聆听，反而你被认为是有问题的。这些外来的声音，好像不停地驱赶着你，要你改变，要你符合他人的期望，成为人们眼中的样子。我很遗憾没有人真正地看见你、聆听你……"

"老师，是的，我总是感觉我很焦虑、很紧张。我脑海中有些刀子不停地插我，我现在和你说着话，我都感觉到那些刀子不停地在我面前飞来飞去，我很害怕……我去抓住这些刀子，紧紧地抓住不敢放，我整只手都是血……我真的觉得很痛、很紧张、很害怕……"

我温柔地看着小杰，轻轻地呼吸着，把他的害怕、紧张，抓住刀子的手……轻轻地吸进来，在我的心里给"他"一个非常重要的位置。

小杰在世界上无法存放的恐惧、焦虑、无助，在我的内在被轻柔地抱持住，并把爱的善意带到那里。

· 愿"他"在人性的世界里，有一个安身之地；
· 愿"他"在人的关系中，被赋予人性的光辉；
· 愿"他"在我们这里，被尊重、被看见、被了解；
……

如果，我作为小杰的旅途同伴，一起抱持着生命中的"问题"，那么会给小杰带来怎样的不同呢？

里尔克在《给一个青年诗人的十封信》中建议：耐心等待所有尚未解决的事情，努力去爱问题本身。

各位父母，这样可以吗？我作为孩子的父亲，也常常这样自问。

孩子不是一个项目，
也不是一个被设定的目标

"我的孩子还有救吗？"

手机响了一下，还是小杰妈妈的信息，同样的内容，却把我从刚刚的个案回忆中拉回到现实。看着她发来的信息，我回复了一个字和一个问号:"救?"

"我希望他有出息,我一直接受不了他中考失败,还有他脑子里的刀子。我一直认为他是为了偷懒想象杜撰出来的。他明明可以有更好的前途,我不想他的人生就这么毁了……我天天跟他说你不能这么不上进,但儿子跟我说他一辈子就这样了,不想好了。我一下子没忍住特别难过,又说了好多难听的话……我都是为了他好,他为什么不能明白我的用心呢……"小杰妈妈给我发了一段长长的语音。

我沉默了一会儿,回了几个字:"嗯,这是救小杰还是救你自己呢?"

这一次,小杰妈妈沉默了许久,或许这个反问引起了她的反思。

我带着激进的味道试探着道:"父母通常会无意识地把自己的焦虑转移到孩子身上。焦虑的父母会培养出强迫的孩子,你有这样的觉察吗?"

"是的,老师,我很焦虑,有很多担心,也对小杰有很多期待。"

"嗯,是你的焦虑,你的担心,你的期待……对吗?"

"哦……老师,我好像明白一点儿了……"

我们的对话就停在了这里,我在心里默默地祈祷小杰和他的父母一切安好。

在亲子关系中,父母常常把孩子当成一个目标去达成,当成一个项目去经营。

- "长大后要有出息。"
- "要做一个成功的人。"
- ……

望子成龙，望女成凤。

父母对孩子寄予厚望当然没有问题，但是，父母带着"我都是为你好"这样的意图，希望孩子能按照父母的意愿过完他的人生，这就等于扼杀了孩子的自我。

"我都是为你好"，表面上是关系中一方对另一方的关心，但这背后也充满了将个人的期待、欲望、需要强加在另一个人身上的味道，遏制住关系中真正的交流和连接。

我想，也许小杰的妈妈也很少体验过在关系中被真正地看到、理解和好奇，她才会以这样的方式与孩子建立关系吧。

孩子不是一个项目，也不是一个被设定的目标。孩子是一个人，需要情感上的交流、安全的港湾和有连接的关系。

在亲子关系中，重要的是关系而非结果。

在一位妈妈说着对孩子的要求和期待，抱怨孩子不够上进、不够努力时，我的老师吉利根博士带着顽皮的笑容回答说："我非常理解你的想法。在我女儿小时候，我对她的要求也很简单：第一，40岁前不可以谈恋爱，专注在事业上；第二，拿到美国WNBA联盟的球员资格；第三，所有功课都要拿A。"

他笑着，摊开双手，装作无辜地说："作为一个爸爸，这样的要求很简单吧！"

教室里的每个人都忍俊不禁，吉利根博士继续说："但是，我的女儿她没空。"他停顿一下："因为，她每天都在忙着成为她自己。"

一些父母最大的问题往往是紧紧盯着孩子做得不好的一面，而看不到孩子好的一面。这样就无法真正地看到孩子的全貌。父母用崩溃的状态紧紧地锁上孩子的问题，让小问题变成了大问题。

父母是孩子天生的催眠师，很遗憾，很多父母或许正在给孩子带来一个又一个负面催眠。我想，要创造一段正向的亲子关系，父母需要两个维度的练习和觉察：

· 父母既看到孩子可以提升的地方，也要看到他已经做得很好的部分，并同时抱持两者；

· 父母练习更多地回归身体中心，带着中正的状态进入亲子关系。

在一种中正的状态中和有连接的关系中，父母可以抱持孩子成长中一切的发生——好的、需要改进的、需要提升的，带着爱的引导，看到完整的孩子，耐心、好奇、祝福，静待花开。

亲密关系：
为什么我没有找一个无条件爱我的人

当寻求无条件的爱时，
我们对自己的爱是否也是无条件的

"为什么我总是找不到无条件爱我的人呢？"这似乎是很多人在亲密关系中常有的感叹。

在咨询的时候，或者在工作坊中，人们也常常会问我这个问题。比起提建议，我更喜欢反问提问者两个问题。

第一个问题——你可以无条件地爱自己吗？也就是说，你会无条件地爱你现在的样子吗？

很多人在听到这个问题后都会摇摇头，因为他们认为自己还可以更好、更优秀、更完美，现在的自己还不够好。

第二个问题——如果你的伴侣不爱你了，你还会爱他/她吗？

"当然不可以！他都不爱我了，我为什么还要爱他。"很多人都会这样说。

因此，我们可以觉察到，我们对自己的爱是有条件的，我们对他人的爱，也同样是有条件的。

- "我要变得更好，我才可以爱自己。"
- "他爱我，我才会爱他。"

在亲密关系中，我们会发现一个真相，那就是：我曾经以为，自己给予他人的爱是无条件的，但实际上也是有条件的。

如果我们对这个真相坦诚，我们就可以理解：他人对我的爱，也可以是有条件的。没有谁应该无条件地爱你——伴侣不是你的父母，在亲子关系中，父母付出，孩子接受；但是，在伴侣关系中，亲密的体验来自彼此之间付出与接受的平衡。你付出我接收，我付出你接收。动态中的平衡、甜蜜的平衡，让关系更深入，生生不息地流动向前。

当这份理解、同理心被带入关系中，或许我们会体验到彼此之间更大的空间、包容、放松、善意，真正的连接才有机会发生。而在这个时候，我们对爱或许也会产生更合理的期待。

爱是一种技巧

在对于"什么是爱"的千百种诠释中，我最喜欢的一个理念是：打开一个抱持的空间，欢迎支离破碎的自己，重新回归完整；完整，就是爱。

在几年前的一次心理学大会上，吉利根博士和萨德博士，这两位催眠领域的大师级人物，进行了一场别开生面的"交锋"。吉利根博士为一位学员做个案，萨德博士做解构；反之，萨德博士为一位学员做个案，吉利根博士则进行解构。

当萨德博士对吉利根博士的个案工作进行解构时，他问了吉利根博士一个问题，他说："斯蒂芬，我很好奇，为什么你总是对来访者说'欢迎'呢？"

吉利根博士回答说："我想抱持在这样一个空间：当来访者分享他内在最深的挣扎和脆弱时，我打开身体中心，把这些信息、能量带到我的身体中心去感受……让它们触碰我……作为一个人，这样的挣扎我也有，在我的内在依然存在着，所以我懂……

"当我把连接和倾听的能量带到关系中时，曾经无法在世界上表达的部分——挣扎、脆弱、伤痛终于被深深地聆听……我们创造一个尊重的、好奇的交流空间，让人性的临在作为一种疗愈性的应用——那些曾经不得已而压抑的部分，被非人性对待的、被认为是怪兽般存在的部分，现在通过连接带到我们的关系中。我带着深深的善意，对这些存在说欢迎、欢迎……赋予'他们'在人的关系中，在人类社区中正向的、人性化的价值……任何伤痛，如果得到了人性临在的触碰，那么，疗愈就一定会发生。

"打开一个比问题更大的空间，通过连接，把每一个支离破碎的部分，重新欢迎到一个整体之中……因为，完整就是爱。"

当时我坐在现场，被深深地触动，一阵阵暖流流过我。这是我听到关于什么是爱的最好的诠释。

在我接触过的案例中，很多人在关系中争吵、互相指责、分分合合。因为他们讨厌对方身上的某些特质，恰恰也是他们不能接纳自己身上存在的部分，于是就误以为，如果对方改变了，自己感觉就好了。但是，要求伴侣改变，既不能让改变发生，也不能让关系更亲密，反而是让我们在关系中不能放松的原因。当然，他们也没有机会去觉察自己内在未被接纳的部分。

在亲密关系中，我们一定会感受到挫败、受伤。那些被压抑和不被接纳的部分，现在来到我们的生命旅途中，"他们"需要我们的抱持，需要我们的聆听，需要我们把"他们"带到我们的生命中，带到生命的整体之中。在这种完整中，没有战争，我们体验到和平与宁静的爱。

这不只是一种理念，还给关于如何创造爱，提供了练习的技巧。

吉利根博士常常跟学生们分享，他从他的老师艾瑞克森那里学到，生命中最重要的一门功课就是：爱是一种技巧。

如果我们想要感受完整的爱，就需要投入深刻的承诺和练习，去练习中正、抱持、打开、连接、接纳、欢迎……有技能地与生命中每一个到来的存在互动。

或许这些练习、技能，就是一些"条件"，但是，即使是"有条件的爱"也是很美好的。因为爱自己，爱他人，感受到生命的美好和平和，这不是我们想拿就拿得到的东西，需要通过很多练习，调频我们的神经系统过滤器：

· 更多地回归身体中心；

· 轻柔地把握正向意图，向更大的场域打开；

・创造性地接纳任何人、事、物。

身体放松和敞开，疗愈和成长才会发生。这是一生的练习，也是必要的条件。

在练习的体悟中，也许你会真正地体验到：

・我和自己的连接，决定了和他人的连接；

・我和自己的距离，就是我和世界的距离；

・我有多爱自己，我就有多爱其他人。

一个人只能给他人自己有的东西，不可能给他人自己没有的东西。

我们带着这样的慈悲和同理心去承认和接纳时，心就会立刻放松下来，当挣扎不再存在，就是安宁。

爱的最终意图，
帮助彼此成为完整的自己

我常常开玩笑说："一见钟情，是两个有'神经病'的人在一起了。"因为这背后潜意识的动力是：我在原生家庭中无法得到的东西，你可以给我。

比如，一个女孩在一个单亲家庭由妈妈抚养长大，她可能有一种看法，爸爸是不负责任的。那么在潜意识中，她会寻找一个负责任的男人。而一个男人，在成长过程中常常被妈妈挑剔、指责，也许潜意识中他会寻找一个温柔、善解人意的女人。出于潜意识的渴望,这样的两个人就会在一起,但往往好景不长。

如果关系中的两个人,无法照顾好自己的需求,无法照顾好自己的伤痛,就会无意识地向对方索爱:如果你爱我,你就要给我应该给我的。

一旦得不到满足,就会委屈、生气、抱怨、指责、失去耐心,从而让关系绷紧,带来更多的压力和负担。这会让自己和对方感受到伤上加伤,让关系陷入一种恶性循环。

年幼的时候,我们需要从父母那里得到关心、照顾、认同、连接,这是我们感受到爱的方式。当我们长大后,如果我们还是想从他人那里得到像父母对待孩子般的爱,那么就代表我们内在有某些部分还没有长大。但是,这不也是我们进入关系的一个重要原因吗?这种情况,恰恰可以帮助我们更深刻地理解亲密关系的本质:

· 通过关系,我们可以看到自己,看到自己需要被连接、被疗愈、被整合的部分。

· 通过伴侣,我们可以帮助彼此成为更完整的自己。

爱,是一种技巧,也是一生的练习。

通过练习,把连接、聆听、抱持、善意……带到自己内在资源匮乏的地方。当我们越来越为自己这么做的时候,就会体悟到,无论对方怎样回应,那些"有条件的爱"都已经是最美好的爱。因为在关系中,他/她已经给予你,他/她能够给你的一切,他/她没有的,既不能给自己也无法给你。

但是,通过对方我们会看到自己的需要和渴望,作为成年人,我们可以为自己的需求负起责任。这会帮助我们踏上一段意识进化的旅程，这是一段疗愈、整合、成长、蜕变的自我实现的旅程。

以下是吉利根博士非常触动我的一个分享，与你共勉：

无论我做什么，

这个世界上，大部分的人都会不喜欢我。

知道这点不是很好吗？

以前，我以为不喜欢我的人是因为不了解我，

只要他们了解我就会喜欢我。

于是，我尝试做很多事情，让更多的人明白我，

后来，我才知道那些不喜欢我的人，也是了解我的人，

知道这一点真的是令人震惊，

但是，也是一种解脱。

事实上，他们不是不喜欢我，

他们也不喜欢自己，所以也无法喜欢我……

知道这个真相真好……

带着觉察，带着慈悲，

我学习放下讨好别人喜欢的需要，

开始练习聆听和满足自己的需求，疗愈自己，爱自己……

如诗人叶芝所说：

当我爱自己，

当我和自己在一起,
我写的诗,
都是从爱开始,以爱结尾……

所以,谢谢你,因为你,让我变得更完整。

同伴关系：
你成功的时候，我心里真不是滋味

同伴关系像一个标杆，
映照出我们自己的内在关系

成长中，同伴是一双双凝视我们的眼睛。同伴关系不仅能帮助我们自我觉察，帮助我们成为自己，而且也在成就我们，帮助我们成为心智成熟的人。

存在主义治疗大师欧文·亚隆在工作中，常常会问来访者一些带来更多自我觉察的问题，其中关于来访者成长中同伴关系的相关问题让我受益匪浅："可以和我谈一下小时候你和同伴的关系怎样吗？""那时候谁是你最好的朋友呢？""什么时候感觉在朋友的团体中饱受非议？""你年轻时的志向是什么呢？迄今为止对所取得的成就满意吗？是否过着你想过的生活呢？"……

通过这样的问题，来访者可以了解他自己在其他关系中的自我感，并触碰到自己的"关系自我"。一个人如果能够在不同的自我间流动，就可以建构一幅更完整的身份地图。

身份地图，包含我们自身的身体形象、我们对过去的回忆、我们对未来的信念、我们当下的五感，以及空间和时间，它是我们了解自己和认识世界的重要过滤器。

然而在心理咨询中，一般来说，咨询师常常会把注意力集中在追溯家族史上，了解来访者与父母的关系。但同样重要的是，也需要关注来访者与同伴的关系。一起成长的同伴，就像我们生活中的镜子，常常更容易触动我们的自我感——毕竟我们不会和世界500强企业的总裁比较财富和成就感，却常常在同学聚会中被刺痛。

同伴关系像一个标杆，当我们看见对方时，我们与他们的关系也常常映照出我们自己的内在关系——是战争的还是和平的，是分裂冲突的还是互相支持的。这决定我们体验的是低等状态的身份感，还是和谐共振的身心合一的身份感。

随着时间流逝，我们每个人都会经历身份的死亡和重生。我们在变，同伴在变，关系也在变……每一个不同阶段的变化都扰动着我们自己的身体中心。在那里，会有一个一个新的自我加入生命的旅程——脆弱的、悲伤的、无奈的、快乐的、感动的、笃定的……

如果我们带着觉察之光，在同伴关系中打开，并连接内在的"脆弱的自己"，给这些被"忽略的自我"一个家，那么一个完整的自我就得以绽放在我们的生命旅途中——编织新的身份，用以创造新的现实和生生不息的关系。

连接身体中心并连接同伴关系的场域，身份就不会固着在一个意象里。我们既不会紧锁在身体自我里，卡在自我的狭小世界中，也不会把自己完全交给他人，受其影响，否定自我，而是在彼此的连接中看见自己，聆听自己的需求。我们帮助自己成为自己想要成为的样子，逐步建构更完整的身份地图。一幅完整的地图才能指引我们到达目的地。

我把这些学习和觉察带到我的同伴关系中，帮助我看见自己、疗愈自己，也更好地理解了他人。接下来，我会通过一段真实经历，与你分享我是如何把这些学习和觉察带到同伴关系中的。

当我们的自我感被扰动时，请把觉察带进内在

我和老朋友石头、大洪道过再见已经是凌晨。一个人开着车，行驶在难得安静的黄埔大道上，不知何故，一阵淡淡的惆怅隐隐涌上心头。

30多年的老友相约聚会，大洪和石头早就到了，我匆匆赶到茶室，走近他们两人时，我努力地看着一个背对着我的背影——一个头大身子瘦小的背影，像严重营养不良一样。我知道那是石头，但还是惊讶这只有几个月的变化。

石头又比3个月前瘦了一圈。

"唉……做了几次身体检查也没有查出问题，但体力和精力大不如前了。"石头在我的惊讶中有气无力地回答说。

接下来我的深切关心和建议，在石头无奈又"认命"的声音中

慢慢变得苍白和无力。一道茶的静默之后——

"我准备下半年搬去另一座城市生活了……"

"不是吧,这么大的改变,这样的年纪了,会习惯吗?"

我又一次在惊讶中张大了嘴巴,听着大洪的宣布。

我们虽然平时各有各忙,但是30多年来一直保持着挚友的关系,不定期的相聚、出游,见证彼此的成功和挫败……

但是,这次的感觉很不同。为什么我们在一起沉默多于说话?为什么内心隐隐的无力感盖过了过往的热闹?为什么互道再见后,心里是淡淡的忧伤呢?

任由车子慢慢地行驶在深夜的城市。

"难道……难道我们必须开始向某些东西告别了吗?"

关系中的自我感、彼此之间的连接、共同的回忆、未来的关系画面……同伴们的生活变迁、状态变化,隐隐地扰动着我的内心。

30多年来,我们在身体里携带着彼此,现在,如果他们不在了,留下的空洞,用什么来填补?

一阵阵的思绪又打开了存封的回忆——

18年前,我曾遭遇了人生中的一个至暗时刻,我的事业经历着重大的挑战——创业失败。残酷的现实并没有给我太多喘息的时间,我清算所有财务,卖掉自己的车,想尽办法偿还所有的债务。

那一段生命经历中,我感觉到整个自我认知全部被打碎了——曾经成功的我,现在失败了,那么,现在我又是谁呢?

这种身份中断的感觉,就像灵魂破碎后,碎片散落了一地,无论再怎么努力也无法拼凑起原来的样子。我像溺水的人一样,死死拉住让我不会溺亡的任何物体——多么渴望多年的同伴,看待我的眼光不会变化,让快萎缩枯死的自我还有点儿滋养、一丝生机。内在娇嫩的、脆弱的部分,承受不起任何异样的眼光,我的自我感随着外在事物的扩展而扩展,萎缩而萎缩……

现在我已经明白:在某些人生的关卡,旧的身份感会破碎支离,但在新的身份感没有形成之时,我们往往就会陷入危机。

当然,这同时也是我们转化和成长的最佳时机——旧的意识框架解除,一个新的创造力空间打开,在这里可以建构新的身份,用以创造新的现实。

可是,这对于当时的我确实很不容易,我感觉每天都快撑不下去了,处于神经肌肉锁结的状态,紧紧锁上内在不断重复的负面声音——你是一个失败者。对未来的担忧、焦虑,对自我的怀疑、责怪,让我在抑郁和恐惧中关闭了自己。

那时候,恰好好朋友大洪的生意进行得如火如荼,他看到我状态低落,便邀请我陪他去香港,他谈生意,我顺便散散心。

一天傍晚,我陪大洪去商场看手表。我们走进一个卖高端手表的地方,很快,大洪看中了一块15万元的手表,让售货员给他试戴,他问我:"你看这个好不好?"

天啊,15万元,对当时的我来说简直是天文数字。

我站在旁边,呼吸紧张,身体绷紧,感觉内心翻涌着一丝丝酸溜溜的感觉,心想:这个家伙,不就是赚了点儿钱,就开始忘记苦日子了，开始腐败了，真的需要买这么贵的手表吗？有必要吗？不就是看个时间嘛……

虽然心里这么想着，但是表面上，我还是假装大方，漫不经心地回应说："还不错啊。"

为了掩盖自己酸溜溜的表情，以及说不清、道不明的感觉，我也随手挑了块手表，不过价格才5000元，然后自我安慰说："这个也很不错，不就是看个时间嘛。"

可是，即使是5000元，我还是舍不得掏钱买。

在我无意识地把我内在涌动着的情绪归咎于大洪"不应该"的行为，"合理化"地认为他有钱就变腐败了的同时，我也自责着，我怎么会是一个这么尖酸刻薄的小气鬼呢？！

顷刻间，我发起了一场内在的战争，卷入了情绪的旋涡，越陷越深，感觉浑身不自在，与大洪的关系也变得微妙和尴尬了。

事实上，这是我的"身份焦虑"被激活了。同伴的成功，激活了"我是失败者"的身份认同。难以压抑的羞愧感，往往会转化为攻击，这样，自我感就感觉好受一点儿。

谢天谢地，自我觉察的闪光乍现，照进了荒芜之地。

"我去一下洗手间。"我对大洪说。

因为，我需要为脆弱的自我，找一个容身之地——嗯，哪怕是洗手间。

关上洗手间的门，感觉到心还在怦怦地跳着，我把手轻轻地放在心口的位置，深深地做了几次呼吸……感受到，在那里有一个存在来到了……"他"需要我的连接……"他"需要我的看见和聆听。

在那里，有一个内在的声音说："我不够好，我是一个失败者，我不够优秀，我总是搞砸，别人都比我好……"

在我的内在有一个娇嫩又脆弱的自我，"他"想从我这里得到疗愈……"他"想通过我来到这个世界苏醒。

再一次，我深深地呼吸，去感觉心的位置，在那里打开一个空间，给羞愧、无助、挫败的自我一个位置。

这些强烈的"不适感"是在召唤我在身体里给"忽略的自我"一个家，否则我无法带上完整的自我踏上新的旅程。

我把善意、慈悲和理解轻柔地带到那个地方，跟内在的这份因失败而产生的羞愧、无助、挫败说："我听到你了，我感觉到你了，我看见你了……谢谢你的到来……你来提醒我：不要再失败啊……我好害怕……谢谢你提醒我要照顾好自己……不要再一次受伤……谢谢你这么爱我，谢谢你保护我、关心我，谢谢你对我的爱，我听到了……我听到了……"

我做了一次呼吸，继续连接着心的中心说："也许，过去的某些时候，在你年龄还小的时候……你经历过挫败……在那个时候，没有人能够帮助你、理解你，你也没有任何资源……很遗憾你遭遇过这一切……但是，现在我想告诉你……我长大了，作为一个成熟的男人，现在和过去不一样了……现在，我有很多资源和技能……即使现在遭遇同样的挫败，我也有能力照顾好自己……我现在是好的……我现在是有能力的……我现在是有资源的……如果你能够帮助我更放松、更敞开、更有勇气……那么，我会活出生命真实的力量，去支持和连接身边的人。谢谢你，请你帮助我，请你支持我……"

慢慢地,我放松下来,内在变得宽广、明亮和包容,勇气和力量重新回归到身体中心。

大洪的"成功"唤醒了我内在"失败的自我"的身份认同。

当我把友善的连接带给自己,给这个"失败的自我"一个家的时候,"他"终于可以放松下来,感受到被抱持、被看见、被聆听、被了解。这个连接的地方,就是我所有的力量和勇气所在,也是我的天赋绽放的地方。

当我再次回到大洪身边时,来自身体中心的敞开、平静、连接在关系中流动起来。

回酒店的路上,我对大洪说:"我真的衷心恭喜你在事业上的成功,还记得以前我们1.5万元的表都没有能力买,今天你有能力买15万元的表,我真的是为你感到高兴。"

通过一起成长的同伴,我们更加诚实地看见自己,把更多的正念觉察带到那个脆弱的地方。这样,每一次都是疗愈和成长的契机。

或许,当我们能衷心祝福一起成长的同伴,恭喜他人成功的时候,我们是有力量的,也是完整的。

在我们的生活中,不难发现同伴之间的映照与对照,比如:

· 朋友的孩子考上了重点大学,而我的儿子只能上二本;
· 她这么优秀又耀眼,我却平凡又自卑;
· 他升职加薪,做自己喜欢的工作,我却停滞不前;
……

在同伴关系中，当我们的自我感被扰动时，请把觉察带进内在。这代表旧的心灵地图和受限制模式被释放，开始松动，这正是成长和转化的好时机。

通过同伴关系，
见自己，见天地，见众生

英伦才子阿兰·德波顿在他的著作《身份的焦虑》中写道："同那些一起长大的同伴、一起工作的同事、熟识的朋友……相比较时，如果我们拥有和他们一样多或更多的东西时，我们才认为自己是幸运的。因此要想获得成功的感觉，最佳途径莫过于选择一个比自己逊色的人作为朋友……"

这真是一针见血的洞察。

同伴关系，让我们成为彼此的标杆、对照。通过对方的存在和关系上的连接，我们感受着"我是谁"的存在经验，帮助我们变得更完整。

同伴关系，是我们在世界上感受存在经验的一个重要的层次。进入世界时，我们感受到在场域中的关系自我和归属感。

成长的道路上，对于我们的身份建构和认同，一起成长的同伴是一双双凝视我们的眼睛，就像是"一个人，跋山涉水，独自前行，如果没有他人的看见，我不会成为自己"。

现在，我们内在保有的他们看待我们的眼睛，和他们连接的方式，也许正在改变。

一旦我们通过一起成长的同伴对身份的焦虑有更多的觉察，那么当再次面对他人的漠视和挚友的成功时，我们的反应就不仅仅是痛苦、自我攻击和内疚，还有更多的自我觉察、敞开、疗愈、超越——帮助我们成为自己。

通过同伴关系，"见自己，见天地，见众生"。

任何关系，都在成就我们成为心智成熟的人。

练习：
爱是一种技巧

每一个人都会受伤,这不是好的或坏的,这只是事实。

就如同前文约瑟夫·坎贝尔提出的人生三段旅程。

在第一阶段,我们出生,来到这个世界,充满好奇和敞开,接纳一切人、事、物。这就像花园里无数的种子破土而出,生机勃勃,对世界充满好奇、探索和信任。

但是到了第二阶段,我们长大后进入世界,进入关系,就注定会受伤。为了不再受伤,我们可能会选择关闭自己、逃离世界。但是,假如我们一味地关注如何避免恐惧、如何不受伤,我们最多只是得到了防御和保护。在这里,很难有任何创造的可能性。

而到了第三阶段,我们终究会明白,爱,原来是一种技巧。当我们掌握这种能力后,我们就能再一次去爱受伤的自己,再一次带着勇气向世界打开——明明知道会受伤,仍然选择去活着、去爱。

要从受伤、封闭自己和逃离世界的状态,到重新带着勇气再一次向世界打开,疗愈受伤的自己,创造新的现实,并不是一件容易的事情。要做到这一点,最重要的是:学会连接我们内在那个柔软的、不会受伤的核心。

这听起来或许有些不好理解,但我们每一个人都必然体验过这个柔软的、不会受伤的内在核心。当你完成一项非凡的任务;当你听到一首打动人心的乐曲;当你去往一段美好难忘的旅途;当你欣赏某一件艺术品;当你想起某一个爱你的人;当你想起某个伟大的存在,如佛陀、老子——在某个瞬间,一个超越所有思想、逻辑的宽广空间打开了,你感觉到深深的共鸣、触动、祝福和爱。

这个核心在身体什么地方?这个核心在我们的内在。事实上,先哲们已经为我们内在这个柔软的、不会受伤的核心赋予过许多不同的名字:生命力、创造力、初心、灵性……去感受它、触碰它、连接它,并带着它进入世界。

当你连接这个核心的时候,你会体验到:

· 悲伤更深的地方,不是悲伤;
· 脆弱更深的地方,不是脆弱;
· 恐惧更深的地方,也不是恐惧;

……

不会受伤的核心,并非意味着它就如同石头一样坚硬。相反,它是一个娇嫩、鲜活而柔软的核心,它也会受到冲击、伤害,感觉到伤痛、脆弱。但是,当我们把人性的临在,比如接纳、善意、好奇、连接,带到那个地方后,伤痛、脆弱就会如同生命的河流一般流经我们,带来更深的体验与领悟。

此时,伤痛已不是伤痛,它包裹了生命带给我们的礼物,或许是关于如何接纳，如何带着受伤的部分前行；脆弱也已经不仅仅是脆弱，它带来了关于生命更深刻的学习，也许是学会如何尊重，也许是告诉我们什么是爱，什么是慈悲，如何更好地理解他人……

而当我们无法将人性的临在带到伤痛、脆弱中时，它们才会演变成负面的症状，也许是上瘾、焦虑、抑郁、逃避……

我们只需要认出，负面体验其实是包裹在我们核心以外的一层外衣，负面的外衣只是反映了我们用负面的方式对待内在的"他/她"。在这层外衣之下，最深的地方是我们充满资源和生命力，永远不会受伤的内在所在。

然而，如果我们误以为在悲伤的深处，除了悲伤，别无所有，我们就很难向他人呈现完整的自己。因为我们会担心，假如我们呈现了自己的脆弱，我们就暴露了自己全部的弱点，其他人会不会因此而离弃我们？

我们会认为：假如我呈现脆弱，似乎就意味着我是一个不够好的、软弱的人，人们就会不喜欢我。这样，过度的思虑、强迫性的思考，会卡在头脑的窄小空间里——"我该怎么办？""如果真的这样，我会变成什么样？"

迷失在这样的念头之中，会让我们远离当下，远离身体的中心，创造一个分裂的自我，而不是一个完整的自我。

完整的自我，是这样的——我是受伤的，我也不是受伤的。

我的老师吉利根博士常常会讲一个非常触动我的故事，是关于他的合气道师傅的。当时这位合气道师傅的儿子刚出生几个月，他要照顾孩子，同时也要兼顾日常的教学。于是，他怀抱着柔软的、娇嫩的婴儿一起示范合气道的练习。他一只手怀抱婴儿，另一只手勇猛地面对和迎接对手的攻击。保护脆弱，同时勇猛地进入世界，一幅至柔至刚、阴阳融合的画面在场域中徐徐展开——

·一只手保护你最脆弱的所在，一只手朝向这个世界；

·温柔和勇猛，两者同时存在；

·保护脆弱和朝向世界，两者同时存在。

接下来，我想把这种状态带到练习中，让你能够建立真实的体验，学会如何真正地保护自己，同时去连接他人、连接世界，学习爱的技巧。

1. 安顿。

找一个安静的地方，站在那里……感觉到根扎大地……稳稳地站在大地上……做几次呼吸……吸气时回归到内在……回到心灵的家……呼气时放松……放下……享受着生命力的流动……感受着气息起起伏伏……潮起潮落……放松……回归到当下……

2. 身体姿势：连接身体中心，并进入世界。

你准备好后，慢慢地伸出一只手，移到对着心口的位置，手掌距离心大概20厘米的位置，轻轻地抱持着心……你感受到心的柔软、娇嫩、脆弱，同时感受到被保护……在那个地方停留一会儿……感受到这个空间里……生命力的脉动、安全、温暖、平安……

现在，邀请你抬起另外一只手，朝向你面前的这个空间，代表进入世界，向世界打开……去感受这个身体的动作……

一只手保护你的心，一只手进入这个世界……体验到这两者都很重要。

在这两者之间的呼吸，不是只在心的位置呼吸，也不是只在这个外在世界呼吸……在两者之间的空间吸进来……呼出去……

同时感觉这两点，一个温柔，一个勇猛……从这两点之间的空间呼吸……当你这样呼吸的时候，或许你会感觉整个身体都在呼吸，而你的头脑变得更加灵活了。

在距离心20厘米左右的位置，感受到保护、安全、平安……像我们的第二层皮肤……

这样，你既保护着自己的心，同时可以从这个地方去触碰其他的人，不是没有了保护层，将心完全地贴到其他人身上，毫无距离地去连接……而是在离你的心20厘米左右的地方，手掌像是抱持一个能量球，像是第二层皮肤一样保护你的心……

心是脆弱的，因为心是鲜活的，意识到你可以保护这颗柔软的心，你可以守护这一颗鲜活的心……同时用另外一只手去连接其他人，进入世界……

以这样的一种温柔而有力量的方式，进入生活、关系、工作……

3. 整合，未来导向。

再次感受这个身体姿势……一只手保护你的心，一只手进入这个世界……进入你生活中的每一个地方……呼吸……感受……体验……看到未来改变的画面……

　　亲密，就是我朝向你，我也朝向自己，既不是全副铠甲，也不是一身软肋，而是找到一个甜蜜的平衡点，保护内在的脆弱，连接那个不会受伤的核心，同时连接他人，走向世界。

　　脆弱无处不在，恰恰说明我们并没有麻木，而是充满感受力和生命力地活着。但脆弱最深的地方，不是脆弱。比脆弱更深的地方，是一个不会受伤的、柔软的存在。而那个存在，需要我们有技巧地去连接，把善意带到那里，让"她/他"感受被保护和安全。我们一旦做到这一点，就能够以温柔而有力量的方式，勇敢地进入世界。

　　虽然感受到伤痛，但没有因为痛而关闭心，我们善待和保护我们的心。心虽然破碎，但不是粉碎，是鲜活的，是活生生的。我们全然地活在这个世间。如果我们练习和领悟到这一点，在生命的道路上前行的时候，就会给自己带来更多的笃定和勇气。

　　就如同鲁米所说：

你今生的任务不是去寻找爱，
只是寻找并发现，
你内心构筑起来的，
那些抵挡爱的障碍。

　　愿你持续练习爱的技巧，发现并放下那些抵挡爱的障碍。

>>> 第四章
疗愈,四句神奇的"咒语"

伤痛最深的地方不是伤痛,
悲伤最深的地方也不是悲伤,
那是人性中最深的渴望。

>>

安静的朋友，你已经走了很长的一段路，
感受你的呼吸，如何在周围开拓空间。
让这黑暗成为一座钟楼，
　　而你是那钟。

　　当你鸣响，
一切打击你的，皆给你力量。
来来回回，走入变化。
那是怎样的体验，这般剧烈的痛？
若这一杯太苦涩，你需把自己变作酒。

在这无法控制的夜晚，
成为你感官交汇的奥秘，
真正的意义发现于此。

如果世界不再倾听你的声音，
对沉默的大地说：我流动；
对奔腾的流水说：我在。

―――

《让这黑暗成为一座钟楼》
里尔克

廖佩珊　译

早期的誓言，
制造了问题

早期的誓言

有一次在工作坊中，一位女士提到了一个困扰她多年的问题："总感觉自己有一种循环模式，和自己不喜欢的家里人的命运模式特别像，怎么摆脱这种循环模式呢？"

听完她的问题，我转向现场的学员，问大家："在座的各位，小时候有没有发过这样的誓言——长大后我一定不要像妈妈或者爸爸！"

大部分人都举起了手。

"然后，随着年龄的增长，有没有发现，父母就在前面等着我们，我们变得越来越像父母了？"

觉察之光照进来，课堂中响起了恍然大悟后的欢快笑声。

- "我一定不要像我妈妈。"

- "我一定要让父母开心。"
- "我不可以脆弱,我一定要坚强。"
- "不可以让其他人瞧不起我。"

……

这些我们自己立下的"早期誓言",是创造我们生命重复轮回的一个原因。而且,很多"症状"也是来自我们的早期誓言。

我们需要做的是,转化问题为资源。这意味着我们可以在成熟的年龄,发出成熟的誓言。

从这种反抗中,在那个早期发过誓言的地方,看到那个孩子,跟那个孩子说:"亲爱的宝贝,你不需要改变,你就这样,我就可以爱你;你不需要改变,你就这样,就可以在世界上绽放着独特的天赋和价值。"

回到发誓的地方,把成熟的爱带到那个地方,然后感谢"他/她",并邀请"他/她"和你一起踏上属于你自己的英雄之旅。

成长不是全盘否定过去,
而是邀请过去的自己加入新的旅程

几年前在吉利根博士的工作坊,他为我做了个案治疗。

我回忆起小时候,我对原生家庭表达爱的方式,我早期立下的誓言:我一定要照顾好家里的每一个人,我要为我的家庭负起责任。

那个立下誓言的孩子，我既感觉到他的勇气，同时也感受到他内心深处的悲伤。

吉利根老师问："仕明，你多大的时候就立下了这些誓言呢？"

他的问题把我带回到我成长中的一幅家庭画面：一个8岁的小男孩，在一群焦虑、紧张、担心、不安的成年人包围之中——爸爸任劳任怨，起早贪黑，辛苦地劳作；妈妈眉心里紧锁焦虑；爷爷奶奶脸上掩盖不住地担心……

"嗯，我要承担起责任！"

为了逃离内心深处的不安，最好的方式就是"解离"。而"早期的誓言"是解离的一种方式。

这个8岁小男孩内心立下了这样的誓言：我长大后，一定要照顾好这个家庭！我长大后，一定要有出息，改变这个家庭！不能再过这样的生活了，我要照顾好我的爸爸妈妈、爷爷奶奶……

是的，这当然是有好处的。在外在的世界，一路走来，它帮助我努力工作，创造了某种程度上外在的成功，也给原生家庭带来了生活上的改变，也得到了很多的认可，"你是一个负责任的人""你真能干""好在有你照顾我们，你真是我们的好孩子"——嗯，特别是"你真是我们的好孩子"。

"是的，爸爸妈妈，我承认，我真的很需要你们的认同。爸爸妈妈，我会照顾好你们，我是你们的好孩子。"为了感受到归属于原生家庭的"清白"感，我"理所当然"地立下了誓言。

难怪我一直被欧文·亚隆的书《妈妈及生命的意义》触动，在书中亚隆提到他在梦里不停地问妈妈:"妈妈,妈妈,我表现得怎样?"而我在梦里问的是:"爸爸妈妈,我是你们的好孩子吗?我表现得怎样?我是不是一个负责任的孩子?"

"我要为我的家庭负起责任",这早期的誓言帮助我跋山涉水,走过一半人生路。但是,人生的下半段,早期的誓言往往会变成问题产生的原因。

现在,即使爸爸妈妈已经过上很好的生活,我做着自己喜欢的工作,有不错的收入,也给自己的家庭创造了想要的生活,可我还是不敢放松,常常自责还不够努力。最可笑的是,有一天在收拾去踢足球的装备时,我把一本专业书放在包里,心想万一有时间呢,那就可以看一看……

一方面,我觉得:"如果我一直努力不放松,那么,我就不用感受内心深处的不安。"但另一方面,生命一再提醒我,长期的慢性压力让我精疲力竭并失去耐性,无法放松,无法享受,无法愉悦地和生命中的一切事物在一起。

我拥有了曾经想拥有的东西,却不敢享用这一切,似乎永远只能往前冲。

是谁?是谁在我稍微放松的时候就跳出来驱赶我呢?天啊,是那个对原生家庭充满爱的孩子。

吉利根老师看着我的眼睛说:"仕明,如果你放下'我要为我的家庭负起责任'的誓言,那么你会是谁?"

这句话击中了我,我带着悲伤的声音说:"我不敢想象……"

我完全不敢想象，那个不为原生家庭，不为父母负起全部责任的自己会是谁。

如果放下"早期的誓言"，解除了古老的身份认同，曾经熟悉的优越感和存在感就会荡然无存。我仿佛一脚踏入虚空，然后坠落，坠落……跌得粉碎。那么，现在我又是谁呢？我感觉浑身发抖，一层层厚厚的外壳开始脱落。

庆幸的是，这个娇嫩的、脆弱的自我，降落在吉利根老师高品质临在的抱持之中。

吉利根老师像一个发着金光的慈祥长辈，带着温柔的目光看着我说："仕明，让臣服光临吧……让臣服再一次来到你的门前拜访你吧……允许自己坠落、破碎吧……轻柔地打开……让一束光进来，让一个新的灵魂进来……你的人生不是其他人的人生……"

在这种安全、慈爱的抱持中，我的心慢慢地打开。

"仕明，放下责任……你来到这个世界，不是为了疗愈你的家庭，你来到这个世界，是为了绽放你独特的生命……仕明，你来到这个世界，不是为了疗愈你的父母，你来到这个世界，是为了成为你自己……仕明，你来到这个世界不是为了疗愈任何人，你来到这个世界只需要活出完整的自己……仕明，放下责任……"

一个新身份，伴随着吉利根老师的祝福，轻柔地触碰着我的身体中心。

"放下责任"，这不是否定过去的自己，否定那个带着对家庭深深的爱的小男孩，否定那个想要为家庭负起责任的小男孩，不！不是！而是告诉他，现在不一样了。在那个时候，他年纪小，不懂得那是盲目的爱。

"仕明，如佛陀所说，你真实的本性是空性，是无限的可能性，不是来自任何人和环境的限制……是时候，让臣服再次光临，让一个新的身份到来……仕明，在新的旅途中，你最想在生命中创造的是什么呢？欢迎，欢迎……聆听内在细小的声音，把他带到世界上……是时候重新建构一个新的身份，开展新的生命旅程了，欢迎，欢迎……"

如果我还像以前一样，在那个资源匮乏的地方，在那个害怕的、没有安全感的地方，发出这样的誓言，那么我一生都在负重前行。

但是今天，在成熟的年龄，我能够把资源带到那个资源匮乏的地方，把资源带给那个小男孩，告诉他"现在不一样了，我很好"，邀请他和我一起，踏入一段新的生命旅途，建构一个新的身份，创造新的现实。

在我们生命的旅途中，身份一定会经历死亡和重生的过程，过去曾经对我们行得通的一切，也许，到了人生某个阶段，就不再适用了。

与其怀念，不如悼念——鞠躬、感谢、放空、转身，放下早期的誓言、执念，让一个新的灵魂流过你、触碰你，聆听"他/她"的召唤，活出"他/她"的激情，建构一个新的身份，踏上一段新的旅程。

约瑟夫·坎贝尔说，有时候我们一路爬着一个梯子到了顶端，结果发现这个梯子搭错墙了，搭到了别人想要的墙上。那么，请让我们在上面享受一下尊严，然后再慢慢地爬下来，重新进入自己的旅途。

终其一生，
我们的许多身份必然经历死去，然后重生

生命是一段英雄之旅，召唤我们成为自己，绽放生命的天赋。活着不是为了紧紧地抓住现有的东西，不是为了避免失去、受伤，也不是彻底抛弃过去，而是轻柔地放下过去的身份认同，谢谢那个立下"早期的誓言"的孩子，给他拥抱，给他爱，给他一个位置，然后转身，朝向新的旅程。

在生生不息催眠中，我们不是去掉旧的东西，因为它曾经在过往保护着你，为你的人生做出了某些贡献，只是在你人生的这个阶段，它限制了你。

前半生的优点，往往会变成我们后半生的弱项；现在，我们也可以把弱项变成强项。

一旦意识到这一点，我们就可以往后退一步，创造一个更大的空间，把新的不同带进来，编织一个新的身份。在一个空间中，抱持着两个不同，就可以创造出第三个不同。就像阴和阳一起，可以

创造万物。

生命是一段伟大的意识之旅。生命的河流流淌着,每一天都是全新的。在生命的旅途中,我们的身份认同注定会中断,经历破碎和重生。

就像在4岁时,你可能建立了一张关于"什么是信任"的地图,比如无论如何,父母讲的话都是对的。不管这张地图过去有多么重要,但到中年时,信任的地图一定要改变,不然,旧的地图无法帮助我们到达新的目的地。

所以很自然地,我们终其一生有许多身份必然会死去,然后重生。而催眠就是促成这个过程发生的一个主要工具,促使我们重新创造、更新、延展身份,并继续踏上充满创造力的旅途。

每当挑战来临,每当你感觉到分裂、自我怀疑、迷惘的时候,你都可以尝试下面这个练习,连接你的身体中心,调频意识与潜意识,从身体中心去连接、说话、流动,再一次回到自我的完整之中。

> 邀请你,在你的内在打开一个空间,
> 把以前的珍宝放在空间的一个角落中,
> 但不是将他掩埋起来,
> 他依然在一个活生生的位置,
> 仍然闪烁着光芒……
> 你眼角的余光能够看到他,
> 偶尔,你对他眨一眨眼,
> 但是他也知道,

现在，你需要踏上一段新的旅程了，
新的身份，
新的未来，
去活现第二段生命，
一段自我实现的英雄之旅。
现在，他成为你的祝福者、见证者、支持者，
是你整体生命中不可或缺的一部分。

在内在的世界，
不是头脑的逻辑判断，
以前是坏的，
现在才是好的，
不，
现在，也是未来的过去。
每一个过去，
你都按照自己最好的选择，
在当前的环境系统里，
应用你的智慧，保护你自己，
做出你最好的选择……
"解离"也是一种爱，
虽然过去已经不适合一个新的未来。

所以啊，

就算曾经把梯子搭错了一堵墙，
既然已经爬到了墙顶，
不要懊悔自责，
请在上面享受这一份尊严，
然后再慢慢地爬下来……

只需要明白，
你不只是这样，
你不仅仅是这样，
有更大的生命召唤你，
有更大的意义等待着你去发现，
有更大的目标等待着你去超越，
你来到这个世界，不只是这样……

打开一个空间，存放好以前的珍宝，
重新去聆听，
在你来到世界之前，
你想在这个世界活出的绽放样子是怎样的……
追随这份激情，
等待"啊哈"的时刻，
去掌握生命的奥秘。

症状的形成：
枯死于内在的渴望，变成了症状

重复的负面模式背后，
是没有被满足的内在需求

小时候，我们在脆弱、受伤的地方会立下"早期的誓言"，比如"我要让父母快乐""我一定不能失败"。于是在成长的道路上，我们常常用力量压抑脆弱、需求和天然的渴望。

也许，这在我们的前半生是有效的，也为我们带来了外在的成果。但是年幼的我们立下誓言去满足他人的需求，那么我们自己呢？我们的需求谁来满足？我们的渴望谁来聆听？我们该在哪里得到呢？

被非人性对待的渴望和需求会枯死在内在，产生负面行为和负面的体验——上瘾、焦虑、逃避、抑郁。这些症状往往预示着背后有一些没有被充分聆听的渴望和需求，上瘾可能源于依恋的需求没被满足，焦虑可能源于归属的需求没被满足，逃避可能源于被接纳的需求没被满足，抑郁可能源于绽放生命力的需求没被满足。

实际上，让我们感到不适的、伤痛的症状往往是一种信号，在提示我们要去聆听内在某个无人看见的角落。

在这里，我们将一起学习如何了解内在的渴望，以及如何聆听它、满足它，以帮助我们继续生命的旅程。

来访者阿云，她的故事让我深刻体会到没有被满足的需要，是如何转化为症状的。

阿云 34 岁，因为焦虑和失眠来找我咨询。在谈话中，她告诉我从 3 岁起，30 多年来，因为晚上睡觉害怕，她都不敢关灯。

我观察到阿云的身形，明显看起来比一般的肥胖更胖。我想，阿云那个内在脆弱、害怕的部分，是不是需要外在这个硕大肥胖的身体，在这个世界得以占据更多的空间，这样看起来更有力量，好平衡内在的不安全感呢？

"3 岁那年发生了什么呢？"我问。

"父母在我 3 岁的时候离婚了，从那时起我和爷爷奶奶住在一起。印象中，那时候对我来说，最煎熬的事情就是，爷爷奶奶一个房间，我自己一个房间，我真的好害怕。害怕鬼会从某个黑暗的角落里冒出来，所以我只能整夜开着灯，照亮每一个角落。这样我才能安心地闭上眼睛，直到疲倦将我征服，我才可以睡过去……"

"阿云，我真的很遗憾听到这些，在你这么年幼的时候，在你需要感受到安全、需要照顾、需要被保护的时候，而你自己不得不一个人去面对。"我轻柔地看着阿云，感受着那个 3 岁的无助的小女孩，对"她"说。

阿云似懂非懂地点点头，但很快地，就几秒钟的时间，她的表情从一个3岁的小女孩变成了一个"成熟"的大人："其实也没什么，父母也是没办法，我当然要学会照顾自己了。你看，我不也这么走过来了，我都挺好的，就是不知道为什么不敢关灯睡觉。"

"嗯……阿云，是的，那个3岁的小女孩，只能自己照顾自己，保护自己。开着灯，那个小女孩就放心一些了。'她'是个聪明的孩子，'她'真是一个很棒的孩子，对父母有很多的爱——爸爸妈妈，我会照顾好自己的……"

我把这些理解、友善、慈爱的话语，送到阿云的身体中心，希望触碰到她内在深处那个灵性的存在。

当渴望无法在世界上表达，只能压抑下去，枯死在内在的时候，人的内在往往就会发展出负面功能的方式去满足需求，让负面行为模式重复。阿云开着灯睡觉、过度肥胖也是如此，都是为了减轻需求未被满足而引发的内心痛苦。

潜意识发展出这些负面模式是为了带来平衡——需要保护及安全的渴望无法从家庭中得到，那么开着灯睡觉就感到安心一些；肥胖，让自己看起来更有力量感。

生活中，其实我们还有很多这样的时刻——

· 需要独处的需求没有被聆听，于是用熬夜去满足；

· 需要被看见的需求没有被聆听，于是就用指责、抱怨去表达；

· 需要连接自己的需求没有被聆听，抽烟就可以和自己待一会儿；

· 无法感受到自己活生生地活在这个世界上，也许酗酒可以帮我做到；

……

但是，这其实只是一种解离的模式，是短期策略，不能带来长期效益。

解离是一种暂时性地让自己逃离没有资源面对痛苦时的反应。也就是说，它是在过往资源匮乏时，为了能够让自己感受到"好过"一点儿，得以度过痛苦的时间，麻木自己，让自己逃离痛苦体验的自我保护的反应。

比如，我的一位来访者回忆小时候常常被酗酒的父亲虐待时说："我无处可去，反正不久就会发生……于是我就让自己'出神'，想象自己是另一个人，创造一段距离去逃离痛苦……"在当时资源匮乏的情况下，对他而言，解离也是一种爱，一种自我保护的方式。

我们长大后，作为成年人，已经拥有更多的资源。如果我们没有把资源带到那个资源匮乏的地方，连接自己、聆听自己、满足自己，而是让解离成为一种习得性的惯性反应，触碰到伤痛时，意识就会很快地"出神"飘走。那么，我们就无法知道自己卡在哪里，在哪里产生了解离，也就无法把成熟的爱带给自己了。

把人性的连接，
带回到那个未被满足的地方

面对阿云因为解离而发展的负面模式，我的工作是帮助阿云保持连接，保持在当下，并把资源带到那个资源匮乏的地方。我希望阿云在这样的关系中可以体验到，在生命的旅途中，解离并不是进入生命的唯一方式，除了解离，还有连接。

"阿云，我很抱歉，在成长中，你内在的脆弱、伤痛、渴望，无法被人们倾听。但是，我也很开心，在今天，在你长大之后——现在，你可以表达。"

我邀请她放松下来，感受身体中心，并带着作为成熟女人的爱，聆听"她"的伤痛，并向我表达出来。

阿云静静地感受了一会儿说："老师，我真的感受到，在我的内在有很多的孤单和害怕……"

我点点头，用深呼吸把阿云说的话吸进来，在我心里打开一个空间，给这些心灵的不同面向一个位置。

在几次深呼吸后，我引导她继续前行，在身体中心感受，并说出：在伤痛最深的地方，我感受到最深的渴望是……

她静默了一会儿，然后缓缓地睁开眼睛说："老师，我最深的渴望是放松和安宁。"

终于，阿云把内在人性自然的渴望带到我们的关系中。

"阿云，能够聆听自己的需要真的很好……能够知道自己要什么真的很好……欢迎，欢迎……就像催眠大师米尔顿·艾瑞克森说的，开始第二段童年永远不会迟……阿云，在你34岁的年龄，我很好奇……如果你去发现……你在生命中做些什么，就可以连接上放松和安宁呢？你做一次呼吸……轻轻地闭上眼睛……邀请你内在有智慧的潜意识……送给你一个画面……你如何为自己创造更多的放松和安宁？"

我带着好奇心，抱持着阿云所有不同的部分、不同的自我，流过我、触碰我、教导我，让她有创造力的潜意识引导我支持阿云，为她的生命带来改变。

她做了一次呼吸，轻轻地闭上眼睛，脸上露出了微笑，开始描述一个画面："晴朗的天空，微风吹拂，天气刚刚好，我一个人坐在那里，享受放松……安宁……内心的安宁……感觉时间过得很慢……我放松地享受美好的一天……"

我邀请阿云在这个画面待一会儿，同时我也让自己进入这个画面，去感受和连接……把她所描述的感官细节、画面、感受……带着催眠的声音重复地送回给她："晴朗的天空，微风吹拂，天气刚刚好，享受放松……安宁……内心的安宁……一个美丽的画面……你可以享受美好的一天……真的是很棒……你可以创造你自己的生命体验……放松……安宁……放松……安宁……"

在我们的空间里，一个连接着的生生不息的场域慢慢打开。

"阿云，在这个放松、平静、安宁的地方待一会儿，做一次呼吸……感受到，我可以聆听自己的渴望，我也可以在有资源的成熟的年龄，为自己去做……满足自己的渴望……在我的生命中，创造更多的放松、安宁……享受美好的一天……真的是很棒，这真的是很棒……在你34岁的时候，有能力，有资源，知道自己想要什么，然后帮助自己……每一天慢慢地朝向放松、安宁、美好的未来……"

她全身放松又专注，静静地呼吸着、感受着。

我再一次鼓励她："这不是很好吗？你能够聆听你的渴望……在你小时候，无法为自己这样做，只能依赖其他人……现在，在你34岁的时候，你可以为自己这样做，自己聆听内在的声音，关爱自己，这真的很棒……你可以满足自己的渴望，每天为自己创造更多的放松、安宁……内在的安宁……这真的很棒……我邀请你去好奇，如果把这一份体验、这一份感受，带入每一天……在你睡觉的时候……轻柔呼吸，放松身体，感受晴朗的天空，和风吹拂，感受安宁……我能够照顾好自己，我能够给自己安全，连接安宁、放松，美美地睡一觉……如果你每天为自己这么做，聆听你的渴望……并做出承诺，满足自己……这会为你的生命带来怎样的不同呢？"

我们静静地待着，几分钟后，我伸出手，阿云也伸出手，我们紧紧地握了一会儿，祝福阿云展开一段新的旅程。

让你的伤痛、渴望、承诺发声，让你的心发声

如艾瑞克森所说，无法表达的渴望，或许就是神经官能症的来源。

无法表达的渴望，枯死在内在，通过负面的方式表达出来，或许是失眠，或许是焦虑，或许是身体的问题……

症状正在提醒，现在年龄成熟，是时候聆听自己内心深处的渴望了。在有资源的地方，去理解、看见、满足、连接、承诺，去看

见那些被压抑下来、不得不被尘封起来的渴望。当我们为自己的需求负起责任时，我们就回归到自己的力量之中。

因此，你在任何卡住的时候，在负面体验中不断重复的时候，你可以练习，安顿下来，触碰身体中心，聆听你内在细小的声音，在你的身体中心表达和连接。

安顿下来，放松，连接身体的中心，也许是你心口的位置，在那里做几次呼吸，感觉连接着你的心，让你的心向一个更大的空间打开。然后你可以低声地说出以下几句话：

第一句话："今天我的伤痛是……"

也许你的伤痛是无助，是感到孤单，是感到被离弃。无论是什么，做一次呼吸，连接你的身体中心，说出："今天我的伤痛是……"

感受到把这种伤痛，从你的身体中心带到一个更大的场域之中，然后做一次呼吸，继续连接你的身体中心，说出第二句话。

第二句话："今天我的渴望是……"

也许你渴望连接，你渴望平静，你渴望爱。无论是什么，做一次呼吸，连接你的身体中心，说出："今天我的渴望是……"

感受到把这份渴望，从你的身体中心带到一个更大的场域之中，然后做一次呼吸，继续连接你的身体中心，说出第三句话。

第三句话："今天我的承诺是……"

也许你的承诺是拥抱自己，是把微笑带给自己，甚至是冒险和挑战。

说出"今天我的承诺是……"，用一个成年人的力量和勇气，把它带到这个世界上，付出行动，让梦想成真。

你从你的身体中心，把心灵的不同部分越来越多地带到这个世界上，并成为这个世界的一部分，就是成长。

最后，我想分享一首爱尔兰诗人约翰·欧多诺霍的《让你的心发声》。

因为心在那无人看见的角落，
我们经常忘记它有一种神圣的能力，
能够感受到在我们身上发生的一切，
在我们没有留意的时候，
心就吸收了喜悦，
也吸收了其中的苦难，
于是在我们之内，
产生了一个负担。

正因为如此，
是时候去倾听你的心，
倾听心的声音，
有时候最简单的事情就带来了意料之外的蜕变。

爱尔兰的老人过去曾说，
若能将负担共同承担，
这个负担就减轻一半，

| 停止你的内在战争

同样如果你允许你的心发声,
它的负担就会消失一半,
让心灵的感觉进入你的身体,
身体会像被水冲过一样如释重负。

芳谊　译

记得,让你的心发声,聆听你内在那个无人看见的角落,因为伤痛最深的地方,是人性中最深的渴望。

第一句神奇"咒语":
这不是很有趣吗

我们探讨了早期的誓言及内在未被满足的渴望二者与症状的关系,了解了问题形成的原因,接下来,我将会分享在生生不息催眠的工作中四句顺势而为的神奇"咒语",给你应对问题的智慧,为你带来疗愈:

· 这不是很有趣吗?

· 在这个地方,有一个存在。

· "他/她"需要你的聆听,需要你把疗愈带给"他/她"。

· 欢迎,欢迎……

每一种模式都有正向或负向的价值与形式,是正向的还是负向的,这取决于我们与之连接的方式。

这四句神奇的"咒语",就是创造性地接纳,正向连接负面体验与负面行为的方式。就像太极大师一般,顺势而为,应用一切已经存在的事物,四两拨千斤。你将会从中找到一种创造性"魔法",可以将负面能量转化为正面能量。

这不是很有趣吗

我们来看第一句"咒语":"这不是很有趣吗?"——学习如何用好奇心代替野心,打开一个创造性的空间。

这句"咒语"将帮助你获得一种崭新的面对问题的态度。如果你不再把症状看作问题,而是将其看作一个向导,那么它将指引你朝新的生命旅途迈进。

"老师,为什么刚刚你引导我们放松安静下来,我就有这么多念头冒出来了呢?"

"知道这一点,这不是很有趣吗?每一次当你放松的时候,就有很多念头冒出来。"

"老师,为什么每次当我安静下来的时候,我就觉得很孤独,一定要找些事情做,翻看手机或者找朋友聊天,总是无法独处,这是为什么呢?"

"这不是很有趣吗?当你和自己在一起的时候,你内在有一个孤独的部分就会来到当下。"

"老师,为什么我想专注、投入地工作,但是我总感觉疲倦,然后就拖延呢?"

"嗯,当你要专注、投入的时候,你就感到疲倦,然后就拖延了。知道这一点,这不是很有趣吗?"

我常常微笑着对来访者说:"知道这一点,这不是很有趣吗?你正在努力地反抗你自己。"

这不是很有趣吗?你越想去掉某个部分的自己,你反而更焦虑了。而且,你也试过很多次,不停地对抗,只想战胜"他/她",你反而更害怕了。

这不是很有趣吗?是一种带着顽皮、健康的怀疑的反问。

通常,来访者在这个反问里会感到一丝惊讶。就像一个埋头赶路的人,被不远处的人叫了一声名字一样,惊了一下,然后驻足,眼光朝向一个新的方向,望着熟悉又陌生的脸孔,停顿下来,打开一个空间,等待一个画面、一种记忆冒出来。

让动物性的自动化反应模式暂停, 退后一步,打开一个空间

遇到挑战的时候,如果我们处在僵化、锁结的意识状态中,我们往往会陷入动物性的自动化反应模式:战斗、冻结、逃跑、封闭。

比如,你在亲密关系中感到受伤:

· 如果是战斗,你可能会表现愤怒、指责、抱怨;

· 如果是冻结,你或许会呈现解离,脱离身体,心不在焉;

· 如果是逃跑,你可能会退缩、焦虑、躲避;

· 如果是封闭,你可能会麻木、抑郁、冷漠,人在能量却不在。

为了让动物性的自动化反应模式暂停下来,退后一步,打开

一个空间，并把抗拒的生命经验放到生命的整体之中，我们会用温柔的、顽皮的、好奇的方式说着这样一句"咒语"："这不是很有趣吗？"

你内在的某个存在准备苏醒，"他／她"会是什么呢？这不是很有趣吗？

什么样的事物会激活你，自然地让原本单独的你感受到超越，并连接更大的自我？这不是很有趣吗？

用好奇心代替过度思考，让无为、等待代替过度用力——打开一个空间，轻柔地抱持一个正向意图——生命尝试帮助我的是什么呢？

我们内在的所有部分都是为了帮助我们，如果带着尊重与好奇，请其教导我们，我们往往可以收到潜意识自我带给我们最好的馈赠。但前提是，我们能带着信任、好奇、无为，等待"啊哈"的时刻到来。当我们拿掉所有的评判，创造一个安全的地方时，便能够邀请更深的智慧出现。

我有一位来访者海阳，人到中年，因为失眠和忧惧来找我。海阳经营着一家不错的企业，但总是担心：万一有一天我的事业失败了呢？

这种担心不停地袭来，让他无法享受自己的生活，每天就像处在风浪之中，勉力维持着一切不失控，完全没有余力欣赏生命中的其他风景。渐渐地，他的身体也开始出现症状，失眠、焦虑、很容易疲倦。

他为了解决这种担心,学习了一些课程,每天练习静心,但是情况并没有好转。

我感受着他的讲述,让他的话语流经我的身体,我在我的身体中心,给海阳那个"担忧的自我"一个位置。一次深呼吸后,我温柔地笑着,回应他说:"听起来,在你的内在,有一个部分来到了你身体的中心,'他'想通过你苏醒……这不是很有趣吗?……我确信'他'是有意义的……'他'的到来,想要提醒你,想要召唤你,在你人到中年的时候,可以过一段怎样不同的人生呢?这不是很有趣吗?……"

海阳紧皱的眉头松开了一点儿:"老师,我想过很多种名字去形容,担心、焦虑、恐惧……但唯独不觉得是有趣的,也从来没意识到是有意义的……当听到你这么说的时候,我心口的位置,放松了一些……"

"嗯,海阳,你也像我见过的很多人一样,总是想通过静心的方式去掉担心。但是,你也发现了,当你想把'担忧的自我'去掉的时候,'他'并没有离开你,反而让你更焦虑了,知道这一点,这不是很有趣吗?现在,你开始对'他'好奇,开始聆听'他',你反而放松多了,知道这一点,这不是很有趣吗?"

我邀请海阳轻柔地把手放在身体感受到担忧的地方,给"担忧的自我"一个家,把好奇、善意、连接带到那个地方,让"他"安定下来。

接着我带着催眠节奏的语气,和他一起进入内在的探索:"海阳,让你的内在打开一个空间,去触碰这个地方,去感受在这里,有一个存在,'他'提醒你,你的事业对你来说真的很重要。我确信'他'的到来是有道理的……欢迎,欢迎……

"海阳,如果你好奇'他'的到来如何在你的下一段人生旅程中帮助你,那会创造怎样的不同呢?不同的体验、新的意义、新的活法,会带给你一个怎样的新未来呢?会活出一段怎样的属于你自己的生命旅程呢?海阳,邀请你去感受,在你新的人生旅程中,除了你的事业,你还是谁呢?"

如我的预期,他有一点儿惊讶,停顿了一下,说:"嗯,是的,我还是孩子的父亲。"

我把这个部分吸进来,去感受海阳不同的面向:"是的,你是一个投入事业的男人,你也是孩子的父亲,知道这一点不是很棒吗?海阳,你还是谁呢?"

"嗯,我还有很多担忧……"

"是的,我看到你是孩子的父亲,一个做事业的男人,你也有很多担忧……知道这一点,这不是很有趣吗?在你内在,有那么多的不同,这不是很有趣吗?……你能同时体会到这么多的不同,这不是很丰富吗?……既然这么丰富,那为什么不能享受它呢?"

我们共享着一个关系的场域,深深地连接着。

"海阳,这不是很有趣吗?现在你开始探索,创造一段新的人生……如何连接每一个不同的面向,每一个不同的自己?如何接纳自己,爱自己?如何享受每一个当下,一种新的进入生命的方式?在你的内在,有一个部分想通过你,来到这个世界苏醒,这不是很有趣吗?……这不是很有趣吗?欢迎,欢迎……"

我引导海阳去聆听、连接、好奇，不再把这个"担忧的自我"看作问题，不是在生命中去除这个部分，而是当作生命中普世经验的一部分，把"问题"的呈现看作是一个向导，指引他朝向一段新的生命旅程。

过了一会儿，他睁开眼睛对我说："真奇怪，这股担心的能量变成了一种平静、一种期待、一种希望，似乎在那个地方，有一颗闪闪发光的星星闪烁着，真的很特别。"

我微笑着对他说："当你聆听'他'的时候，当你触碰'他'的时候，当你把好奇带给'他'的时候，担心变成了平静、期待，变得像星星一样闪烁着，这不是很有趣吗？"

我感受到海阳深深地处在生生不息的状态中，作为一个男人，柔软、脆弱、坚定……他的心大大地敞开着。

用好奇心，代替追逐答案的野心

"这不是很有趣吗？"这一句话，恰如中国画里的留白。

多年的咨询经历让我意识到，人们的核心需求常常是通过痛苦来呈现的。人们遭遇痛苦时，往往急于去掉痛苦，寻求建议，找到方法。但是，我们无法给来访者的每一个问题以答案，心理咨询室中，最不需要的是一个给建议的咨询师。

同样，生而为人，我们也无法给自己所经历的一切一个立刻清晰的答案。因为，生命并不是一个待解决的问题，生命是一个正在展开的奥秘。

一切都在变，那些对生命保持好奇心，带着觉察不停地探索的人，才是生命的大师。

真正的改变并不是去掉某些东西、某个存在，而是打开一个空间，让每一个存在都可以成为这个完整空间的一部分。如果我们用好奇心代替追逐答案的野心，一个生生不息的可能性空间就打开了。

如果我们对潜意识带给我们的画面、信息、象征、能量，不反抗、不评判，只是聆听、好奇、连接，那它们可以为我们的生命带来什么不同呢？它们如何帮助我们在生命中带来更多的美好呢？

据说在中古时代有一位圣人，人们问他祈祷的时候在对上帝说什么。

他说："我在聆听上帝要说什么。"

然后，人们又问他，"那上帝在说什么呢？"

圣人说："上帝在聆听我要说什么。"

也许，这位圣人提醒人们，进入生命中的智慧是——用好奇心代替野心。

但愿，当我老迈时，我仍然充满着闪闪发光的好奇心，这将是我生命中最美好的事情。

这，不是很有趣吗？！

第二句神奇"咒语"：
在这个地方，有一个存在

为"忽略的自我"，
找到一个家

我们来谈谈疗愈的第二句"咒语"：在这个地方，有一个存在——学习如何在身体中心给"被忽略的自我"一个位置，以及人性化的支持。

不知你是否有过这样的体验：当面对问题或挑战时，你的专注力变得非常不稳定。你的念头时而向内攻击自己，时而投射在外指责抱怨，各种情绪——不安、烦躁、恐惧、焦虑，瞬间袭来，不断变换。此时，你很容易离开身体中心，在崩溃的状态中苦苦挣扎。

如果某种经验在我们的身体里总是找不到栖息之地，就注定成为四处流窜，或是变幻莫测的负面感受，分散我们的注意力，也将会伤害我们的自信。泛滥的焦虑与躁动会弥漫在我们全身和周围。

比如一个人说"我生气了，我好恐惧，我很抑郁……"，这背后其实潜藏着这样一层意思：生气等同于我，恐惧等同于我，抑郁等同于我——问题就是我，我就是问题。

那么，这时候，管理、运用、转化问题的人在哪里呢？如果问题占据我们整个生命空间，我们就会被问题操纵。

当我们练习在身体的中心给予问题一个位置时，就意味着：问题只是我内在的一部分，而"我"比问题大。

在这样的空间里，我没有成为问题的本身，也没有离开问题，而是和问题保持着健康的距离："问题"在那里，我在这里；"问题"在我的身体中心，"他／她"是我的身体自我，是完整自我的一部分，我可以和"问题"跳舞，我可以和"问题"一起论茶道。

这时候，我们的认知自我就可以创造性地接纳、回应、支持问题流经身体自我的柔软中心，我们可以创造性地应用来自潜意识的一切事物，让我们在生命中充满生生不息的创造力。

所以，确定和感受到问题在身体的中心，对转化负面经验和生命的流动非常重要。

当来访者在经历问题，遭遇挑战，感觉受伤、无力、挫败而来向我寻求帮助时，我常常会问他们一个问题："当问题出现的时候，在你身体的哪个地方，你最容易感受到它呢？"

很多时候，人们都会顿住几秒，这个问题对他们而言似乎一语惊醒梦中人，然后很多人都会回答说在心或者腹部丹田的位置。

通常，我会邀请他们把手轻柔地放在那个地方，然后带着善意把呼吸带到那里。这样的一种非语言的动作代表着——现在，我给曾经抗拒和排斥的经验、"被忽略的自我"，在我的身体中腾出一个属于他们的位置，给他们一个家。

接着，我就会对他们说："在这个地方，有一个存在……嗨，你好……欢迎，欢迎……"

同时，我也会敞开我的身体中心，拥抱他们的负面体验和"被忽略的自我"，为其提供一个暂时的"包容空间"。这样的方式会帮助来访者平静下来，并获得支持。

当一种经验在身体中心被给予一个位置的时候，它将倾向于改变。这也是托马斯·默顿这位僧侣所称的有效受苦的一个特性。

一位来访者因为严重的焦虑找到我，在一开始他说，这种焦虑的感受就好像他的胸口有一个结。

我邀请他把专注、好奇带到身体的中心，给焦虑的存在一个空间、一个家。同时我对着他的身体中心轻柔地说："在你身体这个地方，有一个存在来到了……'他'想通过你来到这个世界苏醒……"

我带着尊重、专注和支持对着他的身体中心说，就像和他身体中的一个"人性存在"说话一样。

我们把更多的专注带到那里，和"他"一起呼吸，接着他发现胸口的结，变成一个受惊吓的8岁小男孩。我邀请他继续好奇，给"他"更多的空间、尊重……过一会儿，他发现"他"变成了一个充满好奇的快乐的小男孩。再后来，这个快乐的小男孩的意象变成了一片开满花朵的原野。最后，变成一个充满智慧的老者。

在这个过程中，身体中心就像一个稳定的"容器"，包容着问题相关的所有体验，流动着、转化着。

每一种生命体验，无论是正向的还是负向的，都可以经由身体柔软的中心，逐步编织一个新的身份、一幅新的地图，创造新的现实。

"在这个地方，有一个存在"，帮助人们从解离中回归当下和连接身体自我。

"在这个地方，有一个存在"，让"被忽略的自我"得以在身体中心定位，帮助人们返回当下的真实处境，回到此时此刻的时空中。

"在这个地方，有一个存在"，为"被忽略的自我"打开一个空间，给"他"一个家。为问题提供一个"包容空间"，可以帮助我们在自己的身体中心回应、支持与转化负面经验。

中心打开 + 祝福，
生生不息的催眠就产生了

在日常生活中，问题、挑战和负面经验一定会流经我们，激活我们的身体中心，我们要在身体中心给它们一个位置，给它们一个家。它们被"容器"抱持着，我们的认知自我和身体自我才能连接，并走向彼此，走向完整。只有这两者完整了，我们才能体验到更强大的关系自我。

那么，具体怎么应用呢？我想，我和儿子最近的一次互动是一个很好的例子。请觉察，身边最亲近的人总是很容易激活我们的身体中心。

有一次，因为出差，我回到家已经凌晨 3 点多，但第二天我很早就起床工作。

我儿子起床后，看到我在书桌前工作，他有点儿担心的样子："爸爸，你那么晚才睡觉，怎么不多睡一会儿，这么早就起来？"

我点点头，回答他因为我要赶着交一篇稿子。

他继续问："那你写完文章之后，今晚会去哪里？"

我说："我今晚就会去另一个地方出差了，去 5 天。"

他听完，走到我身边，抱抱我说："爸爸，你辛苦了……"

他这么说的时候，我感受到我的身体中心被激活了，内心深处一阵隐隐的悲伤升起，浮现出一个声音："哎，我真的好累，我真的不想背负那么多。"

我意识到，我的身体中心被激活了，有一个存在来到了——一个早年的"受伤的自我"来拜访我了。

我轻柔地把呼吸带回到身体中心，把成熟男人的爱带到那里。

我做了一次呼吸，微笑地望向他，对他说："孩子，谢谢你关心我，爸爸会照顾好自己的。"

到了下午，他出门和朋友聚会，但很奇怪，他打了两次电话给我。3 点多的时候，我接到他的电话："爸爸，你今晚几点从家里出发？"

我告诉他大概 6 点多。

他回答："好的，我今天和朋友见面，可能会晚一点儿，不知道赶不赶得及回来。"

"没关系呀，你要是晚回来，我们晚上电话联系。"

他"嗯"了一声,然后跟我说再见。

接着到了下午 6 点钟,他又打电话过来:"爸爸,你出门了吗?"

我说:"还没有呢。"

他带着一点儿歉意说:"我可能赶不及回来了。"

我对他说:"孩子,没关系呀,我自己出发就可以了。"

挂断电话后,我立即感觉到,在我的身体中心升起了一种被关心、被关注的尊重感,同时我又感受到孩子的担心、内疚、挣扎……

于是我决定回拨电话给他,我说:"孩子,谢谢你给我打了两次电话,爸爸知道你很关心我,想在我出门的时候和我道再见,跟我拥抱。爸爸也非常理解你和同学在一起,现在不能回家,我希望你和朋友们玩得开心,爸爸会照顾好自己。你享受地和朋友一起玩,爸爸会很开心,我们迟几天再见吧。"

放下电话,身体中心流动着爱和力量……未竟事宜的感觉终于没有了。

在我和孩子的关系中,平常的日子,平常的事件,如果带着精微觉察去感受身体中心,孩子的,我自己的,我们的身体中心就会被激活。

"在这个地方,有一个存在……",很明显,孩子的身体中心被激活了,有一个愧疚的存在到来,或者说一个担心的存在到来,伴随着认知自我的声音:"爸爸为我付出这么多,而我在外面和朋友玩,我真不争气。""我想关心爸爸,但偏偏和朋友约在这个时候,无法回家,唉……"

担心、愧疚、挣扎在我儿子的身体中心被激活,他的认知自我的回应是负面的。如果我的回应是冷漠和负面的:"我都是为了你,我才这么辛苦,整天去找朋友玩?为什么不去复习?"中心打开＋诅咒,一种负面催眠就会产生,孩子很可能就会形成一种固着身份认同——我不是一个负责任的人,我来到这个世界是一个负担,我不是一个好孩子。

但是,请小心!我并不想我儿子用父亲的角色来照顾我,我只想他做我的孩子,我只想祝福他,平静、放松、开心地做我儿子。

当我打电话对孩子说"我会照顾好自己,谢谢你对我的关心和爱,你可以和你的朋友享受当下"的时候,中心打开＋祝福,生生不息的催眠产生了,孩子就会认为:我是有价值的,我是被爱的,我是可以享受生命的。

个人有限的历史与认知,
不足以面对生命的整体

我们生活在一个整体的系统中,我们每一个人都是人类社区的一分子,遇到的核心问题都是人类整体中包含的一部分,比如什么是亲密、什么是爱、什么是信任、什么是背叛、什么是受伤、如何做一个爸爸、如何做一个妈妈等。

这不是一个人的问题,这是每一个人都会经历的核心挑战。这些关于生命的意义的问题,通常都会激活我们的身体中心。

但是，个人有限的历史与认知，不足以面对生命的整体。所以，一种比认知头脑智慧更深的、祖先赋予的原型智慧，通过你的身体中心，来到你的生命道路上，帮助你活出更美好的人生。

吉利根博士常常跟来访者开玩笑说：生命要来挑战你啰！

生命想要的是，让你更完整地成长、发展，帮助你活出成熟而独一无二的你。祖先智慧在我们成长的不同阶段，来到我们的身体中心，提供各种经验和关系，以触发成长。

"在这个地方，有一个存在……"，我们的挑战就是练习去欢迎、聆听、接受、了解，并表达生命想要带给我们的礼物。

当人类共同的核心问题被激活时，祖先赋予的原型智慧想通过我们来到这个世界，召唤我们去超越认知自我的界限，并且转变为人类深层经验的一部分。

在这个地方，有一个存在想要通过我们苏醒，我敢肯定"他"的到来不是问题的原因，而是问题的解决方案。

对于生命流经我们的所有经验，能够正向地支持和回应，这就是一个人成熟的象征。

每一个人，都是两个不同自我之间的关系——认知自我与身体自我之间的关系，意识与潜意识之间的关系，我和更大的场域之间的关系。

如果两个"我"之间的关系是冲突的，就会产生低等的身份状态，陷入自我憎恨、自我责怪、自我惩罚的旋涡。

"在这个地方，有一个存在，'他'想通过我来到这个世界苏醒……欢迎，欢迎……"，给"他"位置、支持，与"他"连接、共振，就会产生高等的身份状态，帮助我们活出自信、幸福、健康、美好的人生。

德里克·沃尔科特在他的诗《爱之后的爱》中说道：

总有那样一天，
你会满心欢喜地
欢迎你的到来，
在你自己的门前，自己的镜子里，
彼此微笑致意，
并说：这儿请坐。请吃。

你会再次爱上这个曾是你自己的陌生人。
给他酒喝。给他饭吃。把你的心
还给他自己，还给这个爱了你一生，
被你因别人而忽视
却一直记着你的陌生人。

把你的情书从架上拿下来，
还有那些照片、绝望的小纸条，
从镜中揭下你自己的影子。
坐下来。享用你的一生。

第三句神奇"咒语"：
"他/她"需要你的聆听，需要你把疗愈带给"他/她"

内在小孩，并不弱小

下面我们来学习疗愈的第三句"咒语"："他/她"需要你的聆听，需要你把疗愈带给"他/她"——如何连接到"问题"背后的正向动机，并把资源带到那里。

我的老师吉利根博士，从20世纪70年代开始进入心理学的领域，这一时期恰恰是传统心理学与各个心理学流派蓬勃发展，两者并存的时期。在教学中他曾提出：传统心理学中最大的一个问题就是，暴力地对待我们身体中的动物性能量（或者说自然能量），认为这些生命的基本经验是不好的，担心、挫败、脆弱是不好的，要找到这些"问题"形成的原因，并去除掉这些"问题"。

他经常开玩笑地说，如果你对"他"没人性，"他"就对你没人性。

我们可能习惯用动物性的"它"来表达心灵不同的面向，我们认为它是非人性的，它没有自己的情绪，没有自己的意识，没有它的价值，更没有属于它独特的贡献，认为它的来到让我们感觉到不适、挣扎、不安、恐惧。如果我们把心灵不同的面向看作非人性的存在，那我们对待它的方式，回应它的状态往往就是非人性的，比如用排斥、驱赶、逃避、压抑等暴力方式。

为了能够把我们内在的动物性能量带到人类的世界里，赋予其人文的价值，绽放其独特的贡献，我们必须把"它"看成人性化的"他／她"。当我们这么做的时候，就代表了这一股能量，这一个来到我们生命中的存在，有着独特的情绪、情感、价值、智慧和贡献。所以我们必须聆听"他／她"，从"他／她"那里得到指引，从"他／她"那里得到智慧和帮助。

当我们朝向一个更大的目标和更大的愿景时，"他／她"会不请自来。比如，我想在事业上实现更大的目标，马上就会感受到在这一段冒险的旅途中，我的压力，我的害怕——害怕失败，害怕能力不够，害怕失败之后那些蔑视的眼光让我丢脸。

不同的心灵面向来到了，也许是恐惧，也许是挫败，也许是自我怀疑。这时候你如何聆听"他／她"呢？如何把"他／她"带到你的创造性团队中，作为旅途中有贡献的团队成员之一呢？

在通往目标的路上，我们就像领导者，而那些感受、体验等不同的心灵面向，就像我们的团队成员。一个好的领导者绝不会独断专行，认为只有自己是对的。独断专行的领导者带领的团队一定会缺乏创造力，少了很多的可能性。我们需要从其他团队成员那里得到建议，彼此之间要无私奉献，从而组成一个生生不息的团队，一起来面对挑战和创造更大的目标。

有一位智者问他的学生:"如果有一天,你经过一个地方,看到一个小女孩在哭泣,请问你会如何做呢?"

学生回答:"我会过去问她,'小朋友,你找不到你父母了吗?你迷路了吗?你饿了吗?让我来帮助你吧'!"

智者说:"这是根据你的习惯和头脑已知的经验来反应的一种选择。但是,反应和回应是不同的。所以还有第二种选择,在真正的聆听之后,再回应。打开你的心,去感受和聆听。你打开你的心,连接她的心,心对着心,让她来教导你如何做出下一步的行动。你去感受她、聆听她,也许你只是需要过去轻轻地拍拍她的肩膀,看着她的眼睛,做一次呼吸,然后再说一些话。说什么呢?我不知道。但是放下头脑的判断,停止行动模式,在连接中聆听,会产生一种自发的行动。这一定会是来自比头脑更深的智慧。"

有一个存在,"他/她"需要你的聆听。这是一种充满尊重的关系,而不是"我大你小""我强大你可怜""让我来搞定你"这样一种暴力对待"他/她"的关系。

第一位正式使用"内在小孩"(inner child)这个术语的心理学家米西迪在多年以后说,他很后悔创造了"内在小孩"。因为人们往往从字面意义理解"内在小孩",由此产生了许多误解。

"内在小孩"这个名称很容易让人认为,"内在小孩"是可怜的,是弱小的,是没能力的。但他想表达的意思恰恰相反,因为在过往有那么多困难、那么多挑战,曾经年幼的自己用有限的资源、当时的能力、有限的选择,帮助我们渡过了难关活到现在,"他/她"是那么勇敢、有力量、可爱，有着"他／她"独特的价值、见解、情感和智慧。

"他／她"不是弱小的，"他／她"需要你的聆听，你需要从"他／她"那里得到智慧。米西迪认为，我们需要用这样的态度与内在的这一个存在连接。

所以在生生不息的催眠中，我们并不会使用"内在小孩"这个名称，而是说："在你的内在，有某一个存在，'他／她'需要你的聆听，'他／她'需要你把疗愈带给'他／她'。"

你跟"他／她"之间的关系并不是你强大，"他／她"弱小，只是当时"他／她"的资源有限，现在你可以把资源带给"他／她"，而"他／她"也有珍贵的礼物要送给你。你们之间可以相互滋养并建立一段成熟的自我关系。

现在的你要抱持过去受伤的自我，
而不是退行变成受伤的自我

我们通过一个例子，来更好地理解这样的关系。

我的一位来访者，因为孩子的教养问题来寻求帮助。她的孩子今年 8 岁，但学习成绩不尽如人意。

她说每当看到孩子不认真做功课，拖拖拉拉的时候，就暴跳如雷，拍桌子，扔拖鞋，有时候甚至会撕坏孩子的作业本，每次都一发不可收拾，就像两个孩子在打架斗嘴。

但每次情绪失控后，她都无比自责，深深地厌弃那个失控暴怒的自己。

我看着她，问："在你自己小时候，差不多跟你孩子现在一样的年龄时，你经历了什么呢？"

她整个人突然定住了，沉默了很久后，眼泪流了下来。

原来在她8岁时，父母为了谋求生计，把她送到了亲戚家。她时不时就会被邻居家的孩子欺负，但是在她的印象里，从来没有人可以保护她。

亲子关系中断的创伤，一直存在着。直到她也作为母亲，面对跟曾经的自己年龄相仿的孩子时，早期的创伤被激活，那时候年幼的自己，那时候无助、难过的感受，来到了她的生命中。

她讲述自己的成长经历后，我回应着："似乎……通过你的孩子，唤醒了你成长过程中内在需要被疗愈和被爱的部分……每次你想要创造一段新的亲子关系时，'她'就来了……那么，你如何连接'她'，如何聆听'她'，如何欢迎'她'呢？"

她缓缓地把手放在了自己的心口，喃喃地说着："原来是这样……原来是这样……"

我目光温和地注视着她，同时也把手放到我自己的心口，和她做着同样的动作，说着："这不是很有趣吗？"用这句话去好奇、欢迎、触碰、看见这个长久以来被忽略在过往那一片荒芜之地的自己。

我接着说:"通常,我们发现,很多负面的体验并不是外界带来的,他们只是激发了我们而已。但我们没有先安抚好自己内在的体验,却反过来对我们的孩子大吼大叫。我们用这种方式去操控,以为孩子没问题了,外在问题搞定了,我们的内在就好过一些了;孩子变'好'了,我们就不会再感到愤怒、焦虑、无力。

"但是现在,你也知道,你也试过很多次,这样只是让你和你的孩子产生越来越多的问题,关系越来越差,无法享受你们之间的亲子关系。

"所以,是时候回归到自己内在感觉不被爱的部分,看见受伤的地方,带着一个成熟女人的意识和智慧去连接'她',照顾'她',把善意和爱带给'她',接纳'她',看见'她'……爱受伤的自己,爱自己……

"当你能够爱自己、疗愈自己,当你能够接纳完整的自己,你可以想象,在这种状态中,你就不会因为自己受伤,去操控和淹没你面前这一个独特的生命,你才会真正看到'她'是谁。

"所以,面对你的孩子,唤醒你内在需要被爱和疗愈的部分时,如果你能够把成年人的智慧带给自己,一段新的美好的亲子关系就会开始。"

带上那个可爱的孩子,
也连接上成年的成熟资源

某些负面经历,在过去资源有限、认知有限的自己身上发生了,我们或许没有太多的力量去改变。但是，我们日渐成熟，我们可以改变自己回应这段经历的方式，改变我们赋予这些经历的意义。正是这样，决定了我们的生命轨迹。

你现在生命中的关系，你要创造美好的未来，并不只是被过去的经历影响，更取决于现在成熟的你如何连接、敞开、回应、聆听、抱持，赋予其正向的价值和意义。

谢谢过去脆弱、受伤、挫败、无助的自己，为今天的你做出了贡献，让你学会了保护、勇敢、坚强、努力、上进。这样，过往的问题、创伤，就会成为你生命旅途中的丰盛资源。

当曾经受伤的自我再次拜访你时，不是让自己退行，变成一个受伤的孩子。因为，让一个孩子驾驭你的生命，他还没有足够成熟，无法创造你想要的现实。就像开车，成人的你有足够的成熟度、技巧、智慧驾驶一辆车，但如果你把驾驶座让给一个8岁的小孩，"他/她"显然无法驾驶，甚至会引发危险的事故。

所以，当"他/她"到来时，你可以做的一件很棒的事情就是欢迎"他/她"，给"他/她"一个位置，给"他/她"一个空间，谢谢"他/她"，谢谢"他/她"在这里等待你这么久。然后你继续掌握着方向盘，把握你想要去的方向。

"他/她"需要你的聆听，"他/她"需要你把资源带给"他/她"，"他/她"需要你把疗愈带给"他/她"。现在，带上那个可爱的小孩，连接上成年的成熟资源，让我们一起重新踏入一段新的旅途。

第四句神奇"咒语":
欢迎,欢迎……

带着善意,
把不同的自我带到生命的整体之中

我们来到最后一句疗愈的"咒语"——"欢迎,欢迎……",学习如何带着善意把不同的自我带到生命的整体之中。

我永远记得我上初中的第一天。那时候,如果有一辆自行车骑着上学,就是一个很重要的象征——一个大男孩的象征。

可是,因为我长得矮小,无法骑家里唯一的一辆28寸的自行车——比我高出半个头的永久牌大自行车。放学的路上,看着其他同学从我身边呼啸而过,我的心里真不是滋味。

但是,当我推开家门的时候,那一刻的画面让我终生难忘——

爸爸站在屋子中央,张开怀抱,露出灿烂的笑容对着我说:"哇哇……欢迎……欢迎我们家的初中生……欢迎,欢迎……"

没有自行车骑的挫败感、破碎的身份感、长大的大男孩、爸爸成熟的爱,很多不同的面向,在家庭的场域中被欢迎,被友善地触碰。

这一幕让我热泪盈眶同时又面露微笑。我感受到了我的存在,感受到了我在这个世间的价值,我是被欢迎的,我是被喜欢的,我归属于更大的场域和关系。

每一个人都通过潜意识和意识两个层面建构现实:
· 潜意识,拥有无限的可能形式和意义;
· 意识,从所有潜在可能性中创造具体现实的形式和新的意义。

不幸的是,人们很容易困在意识的僵化现实中,筑起一道与无限性、可能性的潜意识隔离的墙。

脆弱、伤痛、悲伤,这些自然的生命体验本来没有好坏之分,但是人类意识正向或负向的回应方式决定了我们拥有的是正向体验还是负面体验。

如果我们用抗拒、冷漠、排斥等非人性的方式对待这些自然的生命体验,就会让我们陷入一种负面的催眠。而"欢迎"是一种正向触碰和正向回应自然的生命体验方式。

作为父母,假如你的孩子对你说:"爸爸妈妈,我尝试过很多次的努力了,可是我的成绩总是不够好,我感觉到好挫败。"你会怎样回应呢?

我想非常重要的一点是:我们需要在内在打开一个空间,同时抱持着两者——孩子,我看到你做出了很多努力;孩子,我也感受到了你的挫败。

我们需要同等地对待两者，说："孩子，我欢迎你的努力，我也欢迎你在生命的道路上感受到挫败。这两者我都感受到了，我还感受到了更多……欢迎，欢迎……"

我们敞开我们的心，在内同时抱持这两者，这时候我们的存在、我们的状态，往往就会帮助孩子从分裂回归完整。

通过体验完整的自我，编织新的自我，创造新的地图

那么，具体要如何在生活中运用"欢迎，欢迎……"这句"咒语"呢？

我们会发现，大多数时候人们并不是根据实际情况进入生活，而是根据自己的身份地图进入生活。

身份地图由我们创造和维持身份的几个核心部分组成：

· 意图，我们在生命中最想创造的是什么；

· 问题，我们遇到什么障碍；

· 负面体验，在通往意图的道路上，我们感受到的负面体验是什么；

· 资源，当我们连接到什么时，就会感觉被支持、被祝福。

这些不同的心灵面向，组成了我们的身份地图。通过身份地图，我们认识自己，并对世界做出回应。

在一生中，我们的现实、生活不停地变化，我们的身份地图也会一再地瓦解、更新，尤其是在面临重要的挑战和转折点的时候。比如亲密关系开始疏离、脱离原生家庭、开始一段新的婚姻、孩子开始寻找独立的自我、事业上的一次突破、疾病突如其来……这时候，我们往往会体验到过去的身份地图已不再适用，而新的身份地图又没有建构出来，从而陷入混乱。

在这样的时刻，我们能否作为身份地图的观察者——不成为身份地图本身，但又抱持着身份地图的每一个面向，欢迎、连接——决定我们能否创造新的身份，建构新的现实和生活。

如果不作为身份地图的观察者，我们很容易对局限的、老旧的身份地图过分认同，陷入僵化的身份认同，在同一个地方打转，重复着旧的模式。

一位来访者因为婚姻的挑战来找我咨询。他对我说，自己经历了一段失败的婚姻，现在又遇上了爱的人，但当他决定要和对方成立新的家庭时，内心却变得忐忑不安，害怕和恐惧不停袭来。

"我很好奇，现在在你的生命中，你最想创造的是什么？"我目光柔和地看着他，轻轻地问道。

他的嘴角露出一丝微笑，然后说："我想拥有一段亲密的关系。"

我打开我的心，感受着这个对他而言非常重要的意图，在内心给予这个意图一个位置，然后继续问道："那么，是什么阻碍了你拥有一段亲密的关系呢？"

他的目光变得稍稍暗淡，避开和我的眼神接触，眼睛看着地面的某个地方，似乎陷入回忆，过了一会儿，才回答说："我害怕重复第一次婚姻的失败，我有很多不信任和恐惧。"

"害怕，不信任，恐惧。"我默念着，让每一个存在流经我的心，同样，在心里给予这些问题一个重要的位置，"欢迎，欢迎……"

我们在这个连接的空间中，轻柔又平等地对待每一个不同的部分，通过"欢迎，欢迎……"人性化地抱持着每一个存在，然后把其他的不同面向归纳进来。

我让他连接生命中的资源，他的女儿、奶奶等，在充满资源的体验中呼吸，"欢迎，欢迎……"带着资源的体验，接着向其他负面部分继续打开：离婚的痛苦记忆，内在批评的声音，对财务损失的担心，等等。

无论什么来到我们之间，都可以通过"欢迎，欢迎……"赋予其人性的价值和圆融的意义。

对于一个整体的系统而言，创造力和成长是整体的特性，而不是部分的特性。

在生命的创造性旅途中，我们设定任何一个目标，比如"我想在关系中体验更多的亲密"，不安全感和恐惧就会来到；比如"我想建立一份更大的事业"，害怕和担心就会来到。不安全感、恐惧和担心等，都是我们的身份地图中不可或缺的团队成员。

在生生不息催眠中，我们要做的事情就是：创造一个比受伤更大的空间，在这个空间里，我们能够邀请不同的心灵部分回归到一个整体之中；我们带着人性的临在，欢迎每一个身份面向，意图、问题、负面体验、资源……让其成为我们的同盟,并调频一致,让这些不同的创造性元素彼此贡献、互补、共鸣。

通过体验完整的自我,编织一个新的自我,创造一幅新的地图。

新的地图,可以帮助你去到新的目的地。

新的身份,可以帮助你创造新的现实。

我们越向伤痛打开,我们受苦将越少

意识整合大师肯·威尔伯曾提到过一个成长的悖论:我们越向伤痛打开,我们的心越打开,我们的意识越扩展的时候,我们会感受到很多真实的痛,自我的、家庭的、父母的、文化的、历史的、世界的,如果我们继续向伤痛打开,很奇怪的一件事情发生了——伤痛越来越多,但受苦越来越少了。

我们不逃避苦,我们不抗拒苦,我们面对苦,并学会如何欢迎苦,以及各种不同的体验时,虽然痛还在,但我们不再受苦。

不管怎样,我们一定会体验苦,但我们可以化苦为甜,就像把酸苦的柠檬榨成汁,加水加糖,变成甘甜的柠檬汁一样。所以,让我们说:"欢迎,欢迎……"

我们可以欢迎生命中每一种不同的体验,带着好奇、善意与它们相遇,在变化的世界里跳舞唱歌,这样我们每天都可以开怀大笑了。

练习：
站在自己门前欢迎自己

荣格说，每个人都有两个人生，第一个人生属于他人，第二个人生属于自己。

在第一个人生中，我们离开身体中心，把自己交出去，活在别人的看法里，活在别人的定义里，活在别人的价值观里，活在他人的思想里——人们怎么看我？他们怎么想我？我做得好不好？他们喜不喜欢我？

童年时，我们必须仰赖他人的祝福、看见和照顾，才能够存活在这个世界上。我们还不成熟，不了解自己的想法，无法真正说出自己的真相。

在第一个人生中，我们真的是带着别人的催眠，过别人的人生。

在中年的某个时候，我们面临着这样的挑战：我必须要找到自己的声音，聆听自己的声音，活出一段属于自己的人生，不然我的生命无法真正绽放在这个世界上。

我们需要把那些曾经为了其他人，被我们自己驱赶出去的每一个不同的自我,重新带回给自己,回归到我们内在的完整之中。站在自己的门前,欢迎自己的回归,倾听内在每一个细小的声音。

如果有一个存在,不停地引起你的共鸣,你越来越多地向这个世界打开"他/她",那么你每天都会朝向自我实现,成为自己,展开第二段属于自己的人生。

用你的声音和你的真相来生活,让它们告诉你存在的真相,结果将是平静和广阔的。

接下来,让我们一起做一个很棒的练习,站在自己的门前,欢迎自己的回归。

找一个安静的地方,让自己站起来,站在地板上,感觉到你的双脚,稳稳地站在大地上。你像一棵大树,稳稳地根扎大地。你的身体就像树干,朝向天空,你的头顶顶轮向天空打开,你屹立在天地之间,挺拔地向着天空生长。

在天和地之间,连接大地,头顶连接着天空,而你的心是打开的,去感觉这一种垂直的管道打开,做一次呼吸,深深地吸进来,让气流经过你的双腿、胯部、脊椎……连接天空,让你的头顶顶轮向天空打开,打开,再打开……连接宽广无垠的天空,让你的意识变得扩展,无边无际……触碰到天空纯净的光,纯净的能量,在天空待一会儿,感受纯净的光……

做一次呼吸,吸进来,当你呼气的时候,感受天空纯净的光和能量……净化你的身体……从上往下,从你的头顶顶轮、脸部、肩膀、身体、胯部、双腿、脚心……流向大地,净化每一个细胞,从上往下，经过你身体的每一个地方……放松、放下、流向大地……放下，放下……

没有什么事情是现在需要努力的，让你的双脚根扎大地，如如不动地站立在大地之上……不是吗？我们的大地总是给我们很多包容、很多支持……无论我们经历过多少次磨难挑战，大地如如不动地就在那里……给我们包容、支持……

再一次，我邀请你感受和大地的连接，深深地做一次呼吸，提升你的气，从你的双脚提升你的气，来到胯部、脊椎、头顶顶轮……再一次向天空打开，连接宽广无垠的天空，向天空宇宙打开，打开，再打开……在天空中呼吸着，感觉到无边无际，让你的意识扩展自由，连接天空纯净的光，深深地做一次呼吸……

再一次，当你呼气的时候，把纯净的光从上往下……从你的顶轮带到你的脸部，放松……经过你的肩膀，放松……去感受纯净天空的能量、光……净化你身体的每一个细胞，净化你所有的疲惫……让这些净化的能量从上往下，经过你的胯部，放松你的双腿，放松你的双脚，净化你身体的每一个角落、每一个地方……你的身体既是物理的身体，也是能量的身体……去感受你的身体，每一个细胞都散发着光……呼吸着，体验着，发着金光的身体……屹立在天和地之间……

我邀请你，慢慢地把你的双手向你身体之外的空间打开，让你的掌心向上，双手伸入到世界之中，向你身边的空间打开……去好奇在你的第一段生命中，你曾经为了其他人而忘记了自己。在你的身体之外，有很多流浪的自己……曾经为了其他人，你把"他们"

都交了出去,"他们"流浪在这个星球的每一个角落,每一个不同的地方……而"他们"都是你曾经遗忘的自己……

现在,我邀请你把你的心大大地打开,从成熟的年龄出发,用你的双手,带着爱,带着善意,带着慈悲,轻柔地把"他们"带回到现在的生命中……用你的双手慢慢地把"他们"带进来,带进来……带着你的呼吸,带着你的微笑,带着你的善意,用你的双手把"他们"带过来,慢慢地……慢慢地……触碰到你的脸……

当你的双手触碰到你的脸时,我邀请你深深地做一次呼吸,吸进来,然后对自己说:"亲爱的,欢迎你的回归……现在我站在自己的门前,欢迎你的回归,现在我看见你了,现在我感受到你了……"

我邀请你做一次深呼吸之后,继续对自己说:"现在我接纳你……亲爱的宝贝,我爱你……"

做一次深深的呼吸,感受到"他们"重新回归到你的生命中,回归到你内在的完整自我之中。从这个地方,做一次呼吸,静静地待一会儿……

你再一次呼吸,继续闭上眼睛,再一次用你的双手,慢慢地、轻柔地向你身体之外的空间打开,就像拥抱某一个你心爱的人一样,让你的双手向你身体之外的空间大大地打开……再一次进入这个世界,去感受一下,去觉察一下,还有哪些被遗忘的自己,流浪在这个世界上……飘零在这个世界不同的地方……把你的眼睛擦亮,把你的心大大打开,看一看:你曾经为了其他人戴了那么多的面具,忘记了你自己;你曾经为了其他人扮演那么多不同的角色……

现在，让这些角色面具剥落吧……让你的心大大打开……用你的双手把每一个真实的自己，轻柔地、慢慢地带回来。你面露微笑，带着善意、喜悦去欢迎每一个不同的面向，每一个不同的自己……用你的双手拥抱"他们"，带着爱，带着温柔，轻轻地触碰你的心……你的双手触碰到你的心，从你的心深深地做一次呼吸，把每一个不同的自己，每一个不同的面向，深深地吸进来……回归到你身体这个非常重要的中心……

从这个地方呼吸，去感受，并对"他们"说："亲爱的宝贝，现在我站在自己门前，欢迎你们的回归……"

做一次呼吸，感受到你把所有的爱、善意、连接……深深地拥抱每一个不同的自己，连接着你身体的中心，你的心……做一次呼吸，对"他们"说："现在，我看到你们了；现在，我感觉到你们了；现在，我完全地接纳你们；现在，我把所有成熟的爱带到你们那里……亲爱的宝贝，我爱你们……"

深深地把这些爱的呼吸，带到你双手触碰的这个地方，你的心……吸进来……站在自己的门前，欢迎每一个不同的自己回归，回归到内在完整的自我之中。

再一次，把呼吸带到你的心，再一次去感受你内在的完整。然后我邀请你，再一次跟你身体的中心说："亲爱的宝贝，我看到你了，我感受到你了，我接纳你……你不需要改变，你就这样，我就可以爱你……"

把深呼吸带到那个地方，继续跟"他们"说："亲爱的宝贝，我爱你们本来的面貌……你们不需要改变，你们就这样，我就可以爱你们……你们就这样,就可以和我一起享用人生的盛宴……"把爱的话语带给"他们",把所有的慈悲善意带给"他们"。

你曾经为了其他人,曾经为了别人的看法,曾经为了讨好其他人,忽略了自己……现在,不是很棒吗?在成熟的年龄,你把那些曾经被忽略的自己带回来,回归到你自己的生命之中,回归到你生命的旅途中,带到你完整的自我之中。

你越来越多地把连接带给自己,这是你为自己,为身边的人,为这个世界做的最美好的一件事。

我真的很感激,能够进入你的生命深处,与你做这么深的连接,这也是我生命中最美好的一件事。

如果你每一天都这样练习,欢迎你自己,爱你自己,连接你自己,带着你的善意、微笑、慈悲和成熟的爱,让你生命中的每一个不同的面向,每一个不同的自我,回归到完整的状态,那么就会像诗人叶芝所说:当我爱我自己,当我和自己在一起时,无论,诗从哪里开始,都是以爱结束。

祝福你每天沐浴在爱之中。

>>> 第五章
# 旅程，踏上成为自己的英雄之旅

光明与阴暗，
敞开与保护，
绽放与安全，
……

要活出丰满的人生，
恰恰需要掌握并调整好这光与影的平衡。

同时体验光明与阴暗，
抱持"绽放天赋"与"疗愈创伤"，
是一段自我实现的旅程。

>>

无论在我的道路上发生什么，
我会继续前进。
有一天，你终于知道，
你必须得做什么，
而且，你开始了。

尽管在你周围的声音不断地吼叫着，
他们糟糕的建议。
整个房子开始颤抖，
当你感觉到在你脚踝上，
那个古老的链锁。
弥补我的生命，弥补我的生命，
每一个声音都在哭喊！

但是你没有停下来，
你知道你必须得做什么。
尽管风，用它坚硬的手指戳着你！
尽管那音律非常可怕！

已经很晚了。
路上掉满了坠落的枝丫和石头。
当你把它们的声音留在身后，
星星开始闪耀，
穿越层层的云朵。

有个新的声音，
你开始认出来，它是你自己的！
当你越来越大步地迈入这个世界时，
它陪伴着你。
决定去做，你唯一能做的那件事。
决定去拯救，你唯一能拯救的那段生命。
这段旅程。

———

《旅程》

玛丽·奥利弗

吉莉　译

▍三个带来觉醒的提问

诗人梭罗曾写下这样的诗句:

我步入丛林,因为我希望生活得有意义,
我希望活得深刻,并汲取生命中所有的精华,
然后从中学习,以免让我在生命终结时,
却发现自己从来没有活过。

存在主义治疗大师欧文·亚隆在一次讲课中也曾说道:

有一个几乎像是死亡的公式,
当人们对自己的一生有越多的遗憾,
当人们在这一生中并没有完成自己的召唤时,
那么在他们面对死亡的时候,
就会有越严重的焦虑。

然而很多时候，人们的生命状态却像一边踩着车的油门、一边踩着刹车——卡在拉扯与内耗之中，总是无法活出自己最想要的生命状态，活出生命的召唤。活出生命的召唤，更像一种遥远而不现实的幻想。

如何聆听我们的生命召唤？

如何在每一天的生活中活出我们的生命召唤？

如何活出一段没有遗憾的英雄之旅？

我将分享禅宗棒喝般的三个提问，拂拭日常的担忧，深刻地思索我们的存在本身，思索我们的意识与周围空间之间的关系，为我们的生命旅程带来更多的觉察。

请你边阅读，边跟随着我的引导，在心中默念你的回答，或是写下你对每个问题的答案。

假如没有任何问题的拉扯，你会活出怎样的人生呢

一天和一个朋友聊天，他说到最近面临的挑战和危机。他诉说着自己的焦虑、失眠、苦恼，感觉身心俱疲，人生失去了方向。

我静静地听完，然后问了他一个问题："想象一下，假如没有任何问题的拉扯，你会活出怎样的人生呢？"

他愣了一下，因为从来没有想象过原来人生可以没有任何拉扯。

"等到有一天,我解决了所有问题,我就活出自己想要的人生了",这或许也是很多人头脑里的惯性思维。要活出生命的可能性,就是去掉那些拉扯着自己的问题——

·等到有一天,我财富自由了,我就可以过上想要的生活;

·等到有一天,我做了自己梦寐以求的工作,我就可以自在快乐了;

·等到有一天,我找到对的人,我就可以不再孤单了;

·等到有一天,我让自己变得更加优秀,我就可以勇敢追求更高的目标了;

·等到有一天,我变得足够强大,我就可以选择自己想要的人生;

……

头脑中总有一种惯性的幻想,认为我们生命最主要的努力就是去掉这些"不够好""不够完美"的东西,去掉这些拉扯我们前进的问题,那样一切就会好了。

如果对惯性的反应没有觉察,或许我们大部分的注意力只是为了解决问题,在问题中打转,而忘记真正想要去的地方在哪里。

所以,你现在不妨花些时间去体验,假如没有任何问题的拉扯,你会活出怎样的人生呢?

安顿下来,做几次很棒的呼吸,打开心,反复慢慢地默念:"假如没有任何问题的拉扯,我会活出怎样的人生呢?"如果有一个答案冒出来,就写下来。然后继续默念,直到找到让你有身心共鸣的答案。

这些拉扯是谁创造的

同样，花些时间默念这个提问："这些拉扯是谁创造的？"

然后，写下你的答案。

我们生活在两个世界中：内在世界和外在世界。

我们面临的挑战和问题也同时分为内在问题和外在问题。

金钱匮乏，没有做自己喜欢的工作，没有一段好的亲密关系……这些是外在问题。

"我不够好""我不够优秀""我总是搞砸"……这些则是内在问题。

当区分出外在问题和内在问题之后，下一个非常关键的问题就是：假如外在的问题、外在的挑战是真的，那么内在的问题又是谁创造的呢？

有一次，我和来访者会面，我发现他的个案调查表上面写着：

· 我是一个自卑的人；

· 我是一个软弱的人；

· 我是一个焦虑的人。

我感觉了一下，然后看着他说："你能不能帮助我，在这三句话后面把另外一部分也填写完整呢——'同时我也是一个……人'。"

他花了一些时间，把三句话后面的部分补上了。我让他念给我听：

· 我是一个自卑的人，同时我也是一个自信的人；

- 我是一个软弱的人，同时我也是一个坚强的人；
- 我是一个焦虑的人，同时我也是一个平静的人。

我深深地呼吸，感受着一个更完整的他，然后对他说："我看到了……我看到了，你是一个自卑的人，也是一个自信的人；你是一个软弱的人，也是一个坚强的人；你是一个焦虑的人，也是一个平静的人。这些我都看到了，同时，我还看到你有其他的，很多，很多……我看到你了，我看到了完整的你。"

他深深地呼吸，我知道这是内在和解与整合的呼吸。他整个人变得温柔又坚定，脆弱又有力量，眼泪从他眼眶里慢慢流下来。

我们静静地待了一会儿，我问他："你第一次写这张表——我是自卑的，我是软弱的，我是焦虑的——我很好奇，你是如何建构关于你是谁的身份认同呢？"

他想了一下对我说："老师，从小我的爸爸妈妈就这样说我，你怎么这么没自信，你怎么这么自卑，你看你每天都紧张兮兮的……"

不难看见，从小在父母的负面催眠之下，他为自己建构了"我是自卑的""我是软弱的""我是焦虑的"的身份认同。

于是，当他朝向一段新的创造性旅程，告诉自己"在我的生命中，我想创造自信、力量、平静"的时候，内在不同的心灵部分就被激活，"自卑的""软弱的""焦虑的"一起加入这段旅程。

如果我们和心灵的不同部分之间的关系是对抗的、排斥的、不接纳的，我们就会卡在无尽的自我诋毁中，远离人性的完整，为生命制造许多内在拉扯。

相反，如果我们和心灵的不同部分之间的关系是和谐的、尊重的、互补的、同盟共振的，我们就会创造一种高品质的身份状态，从而为我们的生命带来生生不息的创造力。

在外在世界，每一个人都不可避免地会面对挑战、各种不请自来的问题——工作上的、关系上的、金钱上的、健康上的。问题永远在前面等着我们，只不过是变换着包装而已。

就算是这样，一个好消息是：我们的内在状态是我们可以创造的，我们可以用一种高品质的状态进入问题。

不妨觉察一下：

· 你有哪些内在问题在拉扯呢？
· 你是如何为自己创造这些内在问题的？
· 你是如何为自己创造这种崩溃的状态并紧紧地锁上问题的？

是他人对你的评判，是你过往的某些经历？

在什么时候，在什么情境之下，你为自己建构了这样的身份认同、信念、价值观？

既然是你建构了你的内在世界，为了一个你想要的美好的人生，为什么你不重新建构呢？

谁在回应这些问题的拉扯，
用什么态度

现在，我们来看第三个提问：谁在回应这些问题的拉扯，用什么态度?

安顿下来,深深地呼吸,反复地慢慢地默念:"谁在回应这些问题的拉扯,用什么态度?"让答案冒出来,并写下来。

大部分人很快就会觉察到:是我在回应这些问题,回应的态度是有敌意的、抗拒的、排斥的。

那你呢?

回应我们不同心灵面向的方式,就像意识整合大师肯·威尔伯所说的:无论怎样,也许这些不同的心灵面向是恐惧、不安、无助、脆弱、挫败,而有效的支持和回应的方式不是抗拒或击败,而是包容和超越。

- "我是恐惧的,我也是有勇气的,我是两者,同时,我还是其他的,很多,很多……"
- "我是不安的,我也是平静的,我是两者,同时,我还是其他的,很多,很多……"
- "我是挫败的,我也是有力量的,我是两者,同时,我还是其他的,很多,很多……"

……

"他/她"仍在,只是加入了人性的存在和理性的爱,也正是这样的关系,唤醒了"他/她"人性的价值。那么,这一个存在来到你的生命中,如何帮助你活出更美好的人生呢?

如果你向"他/她"打开,邀请"他/她"进到你生命的整体自我之中,让"他/她"成为你创造性旅程的一分子,那么"他/她"一定会为你带来独特的贡献。

"他／她"来到你生命中唯一的目的就是给你更多的贡献,给你更多的支持,帮助你活出更完满和更完整的人生。

如果你和问题之间的关系不再拉扯,而是将"他／她"归纳进来,成为你生命旅程中一个重要的部分;不再隔离、排斥、麻木、战斗,而是将"他／她"带到你的生命中,那么你将为自己的生命创造更多的空间、更多的流动。

现在,请你回顾自己对于这三个问题的回答。我想,你对于自己存在于这个世界的生命状态与体验,一定有了更多的洞察和深思。

约瑟夫·坎贝尔曾说:人们常常问生命的意义是什么,其实他们问的是,生命的深刻体验是什么。

活出生命的深刻体验,关键的第一步在于,你如何应用你已经拥有的身心智慧,打开你的身心管道,深入生活中体验。这也是欧文·亚隆所说的"卷入"到生活的河流之中;也如同佛陀的教导——生命的意义这个问题不能教的,一个人必须把自己完全"沉浸"在生活的河流之中,这样,问题就不会存在了。

愿你带着这样的"沉浸"与"卷入",成为生命的创造者,开始一段生生不息的自我创造之旅,而非生命的过路人。

清晨的微风有秘密要诉说

人生前半段，
我们不可避免地活在他人的催眠中

我们继续更进一步探索，如何聆听自己内在的声音，如何聆听自己内心的召唤。

鲁米的诗《不要回去睡了》，会给我们带来很好的启发：

清晨的微风有秘密要告诉你，
不要回去睡了，
你必须开口要求你真心想要的，
不要回去睡了，
一整晚，
人们来回地穿梭，
穿过分水岭，

那是两个世界的交汇口，

那扇门又大又圆，

门已经大大敞开，

不要回去睡了，

不要回去睡了。

吉莉　译

催眠，不是让你睡过去，而是帮助你从更深的地方醒来。

但是时至今日，人们谈起催眠的时候，依然会有着许多误解——

· 你不要催眠我，我害怕被控制；

· 是不是拿个怀表在人的眼前摆一摆，就可以催眠对方了；

· 我昨晚睡得很不好呀，快给我来一段催眠，好让我睡个安稳觉；

……

事实上，催眠作为意识与潜意识之间的沟通工具，已经历经三个阶段性的发展。

第一代传统催眠有着四个基本的前提假设：

第一，来访者的意识和潜意识都是有问题的，催眠师需要"打晕"来访者的意识，进入潜意识开展治疗。

第二，症状和问题的产生是因为潜意识有问题。

第三，潜意识创造了问题，所以需要通过催眠为来访者的潜意识重新编程。（这就是人们害怕被催眠的原因，因为会失掉意识，被另一个人的意识操控。）

第四，咨询师比来访者更有优越感：你有问题，我没有问题，我来帮你解决问题。（这是一种从外面进入来访者内在的催眠，控制并否定来访者本身已经具备的资源。）

这听起来，是不是有点儿熟悉呢？很多父母就像第一代传统催眠师——我是对的，你是错的；你有问题，让我来纠正你，让我来教导你……

在这样的催眠中，我们很难找到自己的声音。而这也是很多人抗拒催眠的原因，毕竟，没有人愿意让另一个人完全操控自己的生命。

一直到艾瑞克森把催眠运用在个人成长和医学领域中，催眠终于获得了突破性的发展。艾瑞克森对催眠的重新定义和应用极具开创性，他被誉为现代催眠之父，在心理治疗领域中他就像是《星球大战》中的尤达大师一样的存在。

他发展出来的催眠技巧很大一部分要归功于个人的生命旅程。生活给了他许多艰难的挑战——他是音盲，听不到音调的变化，有阅读障碍；他还是色盲，只能看到紫色；脊髓灰质炎甚至造成他在17岁的时候就严重瘫痪，他在往后的生命中还有过几次严重复发。然而，他以勇敢、好奇、充满创造力的方式面对每一个挑战，并协助他的来访者们也这么做。

在艾瑞克森催眠治疗的工作中，其中一个重要的前提假设就是：潜意识是潜能无限的学习宝库，但是意识阻碍人们进入潜意识展开探索。因此，第二代催眠通过绕过意识的干扰，让潜意识的光辉得以闪耀。

艾瑞克森认为症状或问题产生的原因，是人的意识失去了创造力，在意识固化的框架中找不到新的解决方案。要找到新的可能性，就必须到潜意识的宝库去寻找。因此在催眠中需要绕过意识，把潜意识的无限可能性带到意识的世界。

毫无疑问，艾瑞克森是一位无与伦比的催眠大师。他的很多来访者、学生都见证了他的催眠疗效，很多人更是感叹，即使在生命中遇到再大的难题，只要听到艾瑞克森的声音，他们就找到了资源，跨越了难题。

作为艾瑞克森最杰出的学生之一，吉利根博士分享说：他也是这样的体验，只要遇到问题，进入艾瑞克森的催眠，他就连接到了超越问题以外的资源。

但是有一次，艾瑞克森的声音对他失效了，那是在他37岁的时候。吉利根博士分享了他37岁时的故事。

在37岁之前，我一切都自我感觉良好，做着自己喜欢的工作，事业发展顺利，有一个很棒的家庭。

一直到37岁那年，我的爸爸因为心脏病发，没有任何预兆地去世了。而与此同时，在爸爸过世后不到一个月的时间，我的女儿出生了。短短的一个月里，我真真切切地经历了生命的离开，以及生命的新生。

在37岁以前，无论遇到什么问题和挑战，只要进入自我催眠，连接上我的老师艾瑞克森，在催眠中就会感觉到老师的支持和力量，在内心总会响起艾瑞克森慈祥的声音——我看到你，我相信你，你可以做到。然后，一切问题往往就能迎刃而解。但是那时，我站在人生的重大转折点上，再一次尝试进入催眠和艾瑞克森连接，希望能够以此跨越这一次的挑战，可是最终并不奏效。

以前曾经行得通的方式，现在可能行不通。旧的身份感破裂，新的身份感尚未形成之际，人们往往就会陷入混乱，但这也是成长和转化，聆听内心深处召唤的最好时刻。

也正是在人生旅程中的这个阶段，吉利根老师逐渐发展出了生生不息催眠。

人生后半段，你可以练习成为自己的催眠大师

我们认为，每一个人都可以成为自己的催眠大师，每一个人，都可以聆听自己的声音，活出自己独特的生命旅程。（这是由内而外的催眠。）

三代催眠的发展，也喻示着如何聆听内在的声音、聆听内在召唤的历程。第一阶段，我们需要聆听他人的声音，仰赖他人的支持以获得认同、看见和成长，我们活在他人的催眠中。第二阶段，我们被内在某种声音激活，让原本单独的自己感受到超越，并连接上更大的智慧自我。到了第三阶段，我们需要每天练习成为自己的催眠大师。

这也是我想送给你的一份礼物，你或许感受到了疗愈、连接、成长。最终，你经由不断地练习聆听自己的声音，也终将成为自己的催眠大师。

聆听自己的声音，找到生命的召唤，不是一蹴而就的事情，需要持续练习。就像卓越的表演艺术家，通过经年累月的练习，一次一次地接近最佳的状态。

让我们把人生当成一场表演的艺术吧！

为了成为自己生命的表演艺术家，我们需要每天持续练习，比如做以下练习：

1. 设定一个正向意图。

比如，"在我的生命中，我最想创造的生命体验是安宁、放松、笃定。"

2. 发展有共鸣的正向意图的身体姿势。

做一次呼吸，放松身体，重复地念道："在我的生命中，我最想创造的生命体验是安宁、放松、笃定。"

进入这个未来的画面中，感受到安宁、放松、笃定，并好奇这个正向意图在身体哪个地方最容易感受共鸣。也许在心的位置，也许在丹田的位置……从感受到共鸣的地方做一次呼吸……从这个共鸣中，邀请你的身体智慧帮助你找到一个表达正向意图的身体动作——安宁、放松、笃定的身体动作,并在这个动作中做一次呼吸,在这个动作中静静地待一会儿。

3. 行走在时间线上(进入每一天,进入世界)。

在一个有足够空间可以移动的地方,深呼吸,站立着,让自己安顿下来……放松……打开你的心。

从你现在所在的地方,从现在延伸到未来,这条时间线跨度也许是三个月,也许是半年,也许是更长的时间,你可以根据自己的直觉设定不同长度的时间线。

我们会带着头脑意识的觉察、潜意识的智慧、身体的感受,三者合一,踏入时间线。每迈出一步就代表一段时间的推移,进入每一天,进入世界,默念着:"在我的生命中,我最想创造的生命体验是安宁、放松、笃定。"

做出表达意图的身体动作,感受着这个意图的画面……安宁、放松、笃定……慢慢地行走在时间线上,行走在生命的道路上。你去好奇如何能够为自己创造更多的安宁、放松、笃定……进入每一天……每一个月……春夏秋冬……安宁、放松、笃定……一个美好的未来……安宁、放松、笃定的未来画面……看到未来的改变……在这一种新的体验中静静地待一会儿……并许下你可以许下的承诺。然后再次呼吸……跟你内在的智慧说谢谢……当你说过谢谢之后,再做一次呼吸……慢慢地睁开眼睛……

我们的前半段人生，活在他人的催眠里，后半段的人生，我们要做自己的催眠大师。

年幼的时候，我们没有力量，我们需要从他人的眼光中确认自己是谁，活在他人的看法里，迎合别人的需要，却忘记自己的力量。

现在，我们长大了，我们有能力和资源聆听自己的声音，并活出我们的生命召唤，踏上一段自我创造的旅程。通过催眠这种连接，帮助我们把内在最美的部分带到这个世界上。

你，就是你所练习的。

经由这样的练习，每一个人都可以成为自己的催眠大师，重新塑造神经系统的弹性。你可以把古老的负面催眠转化为正向催眠，创造美好的、健康的、成功的生活。

对光明的恐惧

对光明的恐惧：
隐藏在我们内心的局限性信念

对光明的恐惧，这是一个隐藏的"局限性信念"，人们往往很难觉察到它。

许多人自然地认为，每个人当然都渴望发光发热，活出最闪耀的自己，在现实生活中却不是如此，我们往往停留在舒适区中，为自己设限，害怕冒险，做着"安全"的事情。

想要突破舒适区，不断超越自我，我们需要觉察这样一个隐藏在我们内心某个角落的局限性信念——对光明的恐惧。

是什么让我们产生这样的恐惧呢？

在非洲有一个叫多哥的部落，部落里的人们都深信，每一个新生儿都是独特的存在，他们带着灵性而来，有着独特的天赋、使命，要在这个世界绽放，为自己、为他人做出贡献。

当一个婴儿出生的时候,为了荣耀这个生命,他们会把新生儿带到一个神圣的场域。部落里、家族里的人围成一个圈,把婴儿放在中间,呼吸,静默……抱持着这一个独特的存在,等待第一个音符从这个团体中某一个人那里冒出来,然后,引发,流动,下一个音符接着升起……

渐渐地,属于这个婴儿的生命之歌就被创造出来了。

这首独特的生命之歌在他的生命中只会被唱诵几次——出生时、面临重大挑战时、离开人世时。

在遇到重大的生命挑战时,用这样的方式唤醒一个人,在人世间连接灵性的召唤,并活出自我实现的旅程。但问题是,当一个人带着灵性来到这个世界时,如果遭遇到人类临在的负面回应、负面对待,那么灵性就会关闭。我们和内在真正的力量失去连接,而活在他人的负面催眠里。

在生生不息催眠里,我们会有这样的一个公式:

灵性 + 负面的回应 = 负面催眠

灵性 + 人性化的回应 = 生生不息催眠

想象一个天真的孩子,他在家庭的场域中绽放着自己的天赋、流动着天然的生命能量,但是家庭、父母回应他的方式未必是正向的。

我还记得我小时候非常顽皮、幽默,总爱开玩笑。当大人们聊天时,我在旁边听着,突然会说上几句话,逗得大家哄堂大笑,每个人都变得很开心，绽放着美丽的笑容。人与人之间的能量也会流动起来，有时候他们的回应就像在说：这是一个可爱的、天真又聪明的孩子，有幽默感。那种感觉就像我给"严肃"刻板的世界带来了流动和新的体验。但是很多时候，我的父母会说："大人在说话，小孩子插什么嘴？"

然后，挫败感伴随着的想法就是：天啊，我不应该这样，我不应该把我的想法、我的感受、我的灵感、我内在的火花带到世界上……我不能说话，我只能听，这时说话就不是一个好孩子。

在多年以后和朋友的一次聚会中，一起长大但多年未见的朋友对我说："仕明，你怎么越来越不好玩了？"

听他这么说，我一时语塞，接着，一阵隐隐的悲伤从心底涌起——我突然发现，小时候那个顽皮、幽默的小明，原来已经远离我很长很长时间了。我活在一种古老的负面催眠里，我变得拘束，害怕犯错。即使我从事的工作很多时候需要站在讲台上，但同时我又如此害怕呈现自己，害怕发光闪耀。

带着觉察，我开始刻意地练习，把更多的顽皮、幽默、灵动带回到我的生活和工作中。比如，我不再穿着严肃的衬衫西装站在讲台上，而是选择舒服自在的衣服；我依然认真地备课，但是每一次课程都会找到一些突破的方式，让自己"冒险"，比如在600人的大会上做个案演示。

经过不断地尝试，我发现自己在舒适区的边缘来来回回，练习在"边界"上跳舞，慢慢超越。然后，我开始尝试做自己最梦寐以求的一件事情——写作。但这个过程，并不是一帆风顺的。

一直以来，我梦寐以求最想体验的一种状态就是：安顿下来，回归自己的内心，聆听内在细小的声音，通过文字表达出来。聆听自己，了解自己，全然地拥抱生命，并在世界上绽放自己的天赋和价值。

因为新冠肺炎疫情的影响，我终于从忙碌中停下来，以为可以花时间好好地让内心的声音通过文字表达出来，可是很奇怪的是，随着每天的时间流逝，我却无法写出一个字。

为什么人在更大的目标面前无法行动

后来，在一天夜里凌晨 4 点，从梦里醒来，我隐约地感觉到，今晚的梦有着特别的意义，在潜意识深处某些地方涌动着，有些东西要通过我苏醒。和平常一样，我轻轻地走到客厅，在沙发上坐下，在黑暗中闭上眼睛，重温心里的梦，记下梦里的细节：

我走进一个四面透明的玻璃会议室，一个团体围着圆圈，讲课的老师坐在中间，正在和学员分享着什么，没有人留意到我的到来。我找了一把空椅子坐下来，决定听一听老师正在分享的内容。当看清楚老师的脸时，我发现原来她是我的好朋友，一阵欣喜涌上心头："哇，真棒啊，没有想到她现在也是一位老师了，分享得真不错……"我心里想着，暗暗为她高兴。

过了一会儿，我走出会议室，会议室旁边是一个泳池。我随意地看了一眼，突然间我看到泳池的水底下躺着一个孩子，很奇怪的是他的面部表情安详又平静。我惊呼："快救人啊，有孩子溺水了！"

正当我惊慌失措时，站在泳池里的一个男人朝着我平静地说："没有关系，没有关系，不要慌张，这是训练。"

我望向他，只见他正在从容地指导着另外一个孩子："放松，全身放柔软……不要尝试操控……吸一口气，深呼吸……再放松一些……把自己交出去……慢慢地把自己融入水中……"

我松了一口气，哦，没事，这是一个训练。然后我留意到在泳池的水底下还躺着另外几个孩子，安详、自在、放松。

"如果是我，我敢吗？我能全然信任吗？吸一口气，放松，不去操控，全然交出去，让水和大地接着我，放松、自由、臣服？"

我在梦里的反问中醒来……

回望过往的足迹，我用了 17 年时间，建构了我的第二段职业生涯，心理咨询师和生生不息催眠讲师。过往的日子我做得还不错：来访者信任我，我的工作坊人数越来越多，常常从学员那里得到正向的反馈。是的，我知道我可以做好现在的工作，每个星期做一些咨询工作，到各地分享课程。我知道，在这个范畴中我不会失败。

"我知道，在这个范畴中我不会失败。"天啊，这是什么话！

"我只希望不要失败？我到底想说什么呀？是埋藏在心底深处的秘密吗？我平时是怎样教导学生的？我慢慢地觉察自己的舒适圈，觉察自己的恐惧，我真正害怕的是什么？事实上，我有无限的可能性，我可以自我实现，可以自我超越……那么，现在我自己怎么自我超越？看起来，自我超越的样子是怎样的呢？如果有一个画面，那个画面看起来是怎样的？在那个画面中的体验又是什么样的？和梦里的那些孩子一样吗？信任、全然地交出去，融入水中，放松、臣服、自由、绽放？"我的思绪在黑夜中飞扬。

如果我成为一个内心丰富细腻、精微、真实又自在的人，成为一个作者（其实我写的是"作家"，但默默地改成了"作者"），不要开玩笑了！我——是——不——可——能——的！想一下都让我紧张！

当我察觉到自己的这些想法时，我调整了一下呼吸，慢下来，反躬自问：我到底害怕什么呢？

我沉思着，拿起笔，在纸上写了一个清单。

如果我成为一个内心丰富细腻、精微、真实又自在的人，成为一个作者，我害怕的是：

· 我很忙，没有这么多时间（失去控制的感觉）；
· 这个不实在，和现实脱离（一丝焦虑升起）；
· 我有能力吗（担心、不安）；
· 我做得到吗（自我怀疑）；
· 失败了怎么办（挫败、自责）；
· 别人的评价（丢脸、羞愧……嗯，这个特别有感觉）。

每一种想法都伴随着情绪能量的升起。
难怪我常常拖延，毫无进展，因为这是我有可能失败的范畴！

243

害怕好不容易建立的"自我感"破碎。难道我内心深处的目标就是"不要失败"吗？不失败就等于成功吗？

为了避免可能导致的失败，做一些"安全"的事情，比如我正在做的心理咨询、讲课等。嗯，我明白了，原来梦里的教室让我这么踏实，离开教室，看到泳池里的人们正在做的：信任、放松、自在、臣服、向一个更大的存在打开……这也许是我的潜意识在提醒我：现在，仕明，你需要开启一段新的旅程了！

如果我内在的火花像种子一样撒向世界，跟随我内心深处的召唤，活出自己独特的人生，这样就不安全吗？就会成为异类吗？就会离经叛道吗？我到底在忠诚什么呢？这些恐惧和不安来自哪里？做自己为什么感觉如此危险？

梦中的画面变得如此清晰：教室里的踏实、熟悉、安全，泳池中的敞开、冒险、臣服；想要追逐的光明，随光明而来的阴影。在这寂静的夜晚，都显露出无比清晰的模样。

光明与阴影两股能量，
都隐藏着我们生命的力度和丰满度

在我们每个人的心灵深处都有一种天赋，让我们借此向世界闪耀自己独特的光芒。但同时，我们的心灵深处也携带着创伤，这些创伤不只是来自生命之初，也来自生命之前：父母的、祖先的、历史的、文化的……

一旦我们的心灵向世界打开，绽放"天赋"和召唤的时候，创伤也会同时来到我们的世界，我们会不安、怀疑、恐惧、焦虑等。

这正是我在经历的历程，我既渴望绽放光明，又害怕别人窥见我的"阴影"。

光明与阴影这两股能量，都隐藏着我们生命的力度和丰满度：

· 光明与阴暗；

· 敞开与保护；

· 绽放与安全；

· 放松与紧张；

· 做自己和被诅咒；

……

光与影共存，完整与碎片相辅相成，绽放与脆弱同在。

那么，你还要做自己吗？你还要向世界敞开吗？你还要绽放你的独特吗？

我过往17年的职业生涯，不正是这几个问题的答案吗？一方面，我如此害怕自己展现在他人的目光之下；另一方面，我选择的工作让我站在舞台之上。

生命真是神奇。

我的老师吉利根博士常常说："你今天之所以选择这样的工作，其背后的意义是为了疗愈你的创伤，绽放你的天赋，帮助你成为一个更完整的人。"

要活出丰满的人生，恰恰需要掌握并调整好这光与影的平衡，同时体验光明与阴暗，抱持"绽放天赋"与"疗愈创伤"，这便是一段自我实现的旅程。

而你呢？你又会如何回答这几个问题？你现在所做的，是你想要的答案吗？

美国诗人玛丽·奥利弗在《旅程》这首诗中说道：

有个新的声音，
你开始认出来，它是你自己的！
当你越来越大步地迈入这个世界时，
它陪伴着你。
决定去做，你唯一能做的那件事。
决定去拯救，你唯一能拯救的那段生命。

关于我的第二段职业生涯是不是我想要的，我的答案是：是的。

如果你足够信任，放下生命中所有的内容，把自己交给内在一个强大的力量承接着，这时候，你会体验到前所未有的自由。

真正地去触碰光明，到达你想去的地方。

出走半生的少年

"绽放天赋"与"疗愈创伤"

要活出丰满的人生,就需要同时抱持"绽放天赋"与"疗愈创伤",因为,在我们内在最深的地方这两者同在。

如果我们锁上创伤,那么我们的灵性和天赋就无法在世界上绽放。如何理解,如何练习,才能让我们的生命绽放独特的光辉?

你可能还记得,在年幼的时候,你的心是敞开的。你对世界充满着惊奇,生命深处自然的生命能量和独特的灵性在世界上、家庭中流淌着,直到遇到人类社区的回应,通常是家庭场域中父母的回应——"你总是捣乱""你糟透了"。面对负面的语言与厌恶的表情,你就把自己关闭起来了。

作为孩子,我们常常会有这样的感受:"爸爸妈妈,我能感受到你们的爱,但是你们表达的方式和行为,让我感受到我的渺小、没有价值,这真的让我疯狂……"

我们常常卡在负面的催眠和局限性的信念中：

·我是不够好的，如果我好一点儿父母就爱我了；

·让父母快乐是我的责任。

我们活在这样的负面催眠中，忘记了自己的力量。我们努力地去讨好他人，远离了我们的独特，远离了那个对世界充满好奇、充满灵感和流动的"少年"。

以我自己为例子，在如今 50 岁的年纪，我依然发现，我内在那个五六岁的小明多么需要父母的关注，多么需要母爱。那时候刚好妹妹、弟弟相继出生，妈妈的注意力从我身上移开。同时照顾 3 个孩子，让焦虑的妈妈很难关注到我的需求。但对于孩子来说，关注就等于爱，没有关注就等于不被爱。

在过去的很多年，我常常涌现一种很奇怪的感觉：明明那么多人爱我，我的同事、我的朋友都很喜欢我，我的学生们也很欣赏我，我也知道爸爸妈妈是很爱我的，我却总是感觉这个世界上没有人爱我，常常沉浸在内心深深的孤独感之中。

于是，我会做很多事情来感受我的存在是有价值的。我希望自己在别人眼中是成功的，或许这样我就不会孤独了。我一个人撑着负重前行，经营我的事业，当遇到不顺利的时候，我会更努力，更想控制，以确保自己不要失败。

如果一切都很顺利，那么又会有另外一种担心：假如未来失败了，那该怎么办呢？于是就会更努力。但是数年之后，我疲惫不堪。独自一人的时候，我常常不自禁地一声叹气："我什么都不想干了，我想放弃。"

慢慢地,我开始明白,无论什么年龄,我都需要找回孩子般的天真和好奇,保持与内在那个少年的连接。在那里,我的灵性和生命最深的召唤想要绽放在世界上。

艾瑞克森说:开始一段新的童年,永远不会晚。

重新开始一段童年,重新建构一个内在的家庭,在这里,我们得以孕育出一个内在的空间,同时抱持"绽放天赋"与"疗愈创伤"。

重新开始一段童年,
重新建构一个内在的家庭

我们可以通过练习来重新开始一段童年,重新建构一个内在的家庭。

我会提供两种方式供你参考,进行练习。也就是,把一种"狭义的爱"或者"广义的爱",带给你内在那个因为受伤而退缩的孩子,把他独特的、自然的生命力和灵性带给现在的你,帮助你活出完整的、绽放的生命。

第一种方式:练习连接"狭义的爱"。

比如,在现实中练习和父母连接,这是我自己常常做的。

我知道,无论多大的年纪,就算 50 岁了,我都需要母爱。我常常会刻意地和妈妈连接。每次见到 70 多岁的妈妈,我都会紧紧地抱着她,脸贴紧她的脸,让自己变成孩子,撒着娇说:"妈妈,亲亲我。"这位老人伴随着哈哈大笑的喜悦会狠狠地亲我一下。这时，我会深深地呼吸，把妈妈的连接和爱带给内在的小明。于是，这个"幸福的孩子"就会加入我当下的生命旅程。

在工作中，每次有人对我说："仕明，常常感受到你的状态中有一个小男孩到来，流动、敞开又顽皮。"我会把这种反馈当成很棒的回应，并鼓励那个小男孩说："谢谢你！我爱你！在我未来的创造性旅程中，我需要你。"我知道，这个"小男孩"是我创造力的源头，帮助我开启与绽放梦想、天赋、生命力。

第二种方式：练习连接"广义的爱"。

在孩子眼中，父母就代表理想父母的原型象征。理想父母的原型，意味着无论如何父母都会提供生命能量、安全、爱、关注给孩子。事实上，父母也有着他们个人独特的生命呈现。现实中，父母往往无法完全代表理想父母的样子，这对孩子来说是非常困扰的。

不过，当我们长大之后，我们可以练习在家庭之外连接上广义的爱，让自己感受到被爱。在一个有爱的地方，我们会意识到父母也有他们的局限，那么带着更宽广的爱，我们就可以释放内在的退缩和压抑，绽放独特的价值。

我的一位来访者小米，感受不到和原生家庭的连接。她说自己每当想起家人的时候，就会出现负面的感受，感觉悲伤、孤单、没有依靠。

小米阐述时，很明显处在一种锁结僵化的状态。我知道，这是人们无法连接内在智慧及发现更多可能性的原因，在被"卡住"的地方很可能是天赋和才能所在。

为了释放这种锁结的状态，我问了她一个问题："每当你需要和自己有一份正向连接的时候，你会做些什么呢？"

小米把手轻轻地放在胸口，回忆着，然后说："我会去大自然散步，看那些开着小花朵的植物。"

我邀请她做一次深呼吸，把开着小花朵的植物带到身体中，呼吸着……随着每一次的呼吸，她都好像可以闻到花朵的香味，让花朵的颜色、香气充满身体的每一个细胞。我问小米："现在，你感觉到什么呢？"

小米面部变得柔和，微笑着说："我感觉我的身边全是花，每一朵花都跟我打招呼，都在笑，粉色的、紫色的……它们随着风在跳舞。"

小米的呼吸变得深沉缓慢，这让我知道，她已经连接上大自然宏大场域中一个更伟大的存在。

"这是一个美好的大自然家庭，不是吗？"我回应着，"我要怎样改善我和父母的关系，在一个更大的场域中抱持这个问题，同时感受到花朵的存在？我意识到自己不知道这个问题的答案，我不知道要用什么样的方式，和父母建立一种新的正向的关系。所以，我回到和花朵的连接之中，感觉到自己和花朵一起呼吸着，我问花朵，请它们教导我，请它们让我看到……看到和父母相处的新方式。我是这些美丽花朵家庭中的一员，同时我在思索着，怎样把这种自然的、美丽的、智慧的连接带到我的家庭。"

请注意，我并不是在向小米的意识心智提问，而是邀请她把这个问题抛到她深层的潜意识心智中,把问题带到一个更宏大的场域之中。

当我们把个人的自我觉察带到一个更宏大的场域之中时,创造力就产生了。

我看到小米的身体轻轻地摇摆着,像花朵在风中摇曳,带着某种节奏,轻柔地、自发地摇曳。

我继续邀请小米深化这种连接:"你感觉到渴望与父母有正向连接,就让自己打开和花朵美丽的、深层的连接……教教我,可爱的小花朵……我是你的一部分,你也是我的一部分……感受到你归属一个更伟大的家庭,你是大自然的一部分,一个更伟大存在的一部分……把这种连接带到你的家庭……"

咨询即将结束时,我对小米说:"给自己一个拥抱,就好像大地的芬芳、花草的香味也在拥抱着你。你是大地的孩子,感觉与大地母亲美妙的连接……大地母亲……我会记住你、荣耀你……我的大地母亲,我会带上你的美和智慧……带给所有我爱的人,从我的家庭开始……"

在成熟的年龄,我们可以重新建构内在的家庭,把更宽广的爱带给内在受伤的自己。大自然的爱、地球母亲的爱、宇宙的爱、祖先的爱,它们无条件地支持着我们、孕育着我们。

孤单、无助、没有连接的感觉还是会回来的,这些都是我们生命中不可或缺的一部分。而每一次当我们感觉孤单、无助的时候,这些感觉都是一种反馈，都在提醒我们，我们与深层广阔的场域失去了连接。

请记得，你内在的"年轻的自我"有着独特的灵性、天赋和生命力。就在你的身体中心，如果你练习用人性的友善和爱灌溉那个地方，那就是灵性发芽的地方。

我们练习把"狭义的爱"和"广义的爱"带给内在那个儿时的少年，让他感受到被爱、被支持、被祝福，让他知道，他绽放的独特的天赋价值，为他自己和这个世界带来贡献。

现在，请他和成熟的你一起踏上旅程，创造一段属于你们自己的英雄之旅吧。愿你"出走半生，归来仍是少年"，在你的生命旅程中绽放独特的光芒。

练习：
通过孩子、成人、1 万岁老者的视角进入世界

我将和你一起练习，通过孩子、成人、1 万岁老者的视角进入世界。

我们提过，人们之所以创造问题是因为僵化。

随着年龄的增长，我们逐渐远离内在那个天真、惊奇、敞开、流动、对万事万物好奇的孩子，过度思虑成为我们的主要反应。这样的神经肌肉锁结，让我们卡在有限的经验中打转而失去了创造力。

当然，还有很重要的一点就是，我们每天无意识地卷入"求生存"的焦虑之中，忘记连接我们的灵性和生命召唤。这种状态梭罗称之为"活在安静中的抑郁"，它让我们的生命力慢慢地枯萎。

为了让我们的生命充满生生不息的流动和创造力，我们需要活在三个年龄中：孩子、成人、1 万岁老者。

不管你现在是什么年龄，请找回孩子般的天真、流动、敞开和好奇。然而，尽管孩子有着无穷的想象力和创造力，他也有着弱项——缺乏自我觉察，无法分析具体的情况，无法快速地制定方

案，无法比较和选择一个更好的策略，并持续付诸行动。所以，孩子无法创造具体的现实。而一个成熟的成年人，知晓如何在社会层面上行动，帮助自己梦想成真。

同时，我们也需要从更高的意识维度，连接更有智慧的存在，成为我们生命的观察者。我们从1万岁智慧老者的视野中，看到我们生命的历程，得到反馈和教导。

催眠真的是一个非常好的工具，它能教你如何创造一个美好、温暖、正向、安全的空间，由此感受到你与自己不同面向之间的正向连接。

当定下一个更大的目标，设定一个正向意图或是遇到挑战时，我们通过催眠练习，可以在三个不同的年龄中流动、体验、吸收——有孩子的好奇心、创造力，有成人的持续行动力，并从更高的智慧中获得生命的领悟，这会帮助我们创造健康、美好、丰盛的人生。

接下来，让我们一起踏上一段美好的体验旅程吧！

1.安顿，设定三个年龄——孩子、成人、1万岁老者，并进入不同的年龄体验。

现在，我邀请你找到一个安静的地方，站在那里，慢慢安顿下来，自然地呼吸几次。

当你感觉到安顿下来的时候，我邀请你想象，从你站立的地方，想象在你的前面有三个不同的空间，分别代表三个不同的年龄：孩子、成人、1万岁老者。

你准备好后，往前踏一步，进入孩子的空间。

想象作为一个孩子，你的心是敞开的，对万事万物感觉到好奇、新鲜、流动，充满着想象力……去感受到孩子的能量、流动、创造力。借助孩子的能量做出一个身体的动作……静静地待一会儿。做一次呼吸……你准备好了，我邀请你往前再踏一步，进入成人的空间。

作为一个成人，你是有自我觉察的，你能够为你的生命负起责任，能够选择你的人生，持续付出行动创造你想要创造的现实。

一个成人很棒的地方在于，他是有能力、有资源、有行动力的，他可以做出承诺，付出行动……持续的行动能够让梦想成真，创造具体的现实。在这个空间去感受、呼吸……做出一个成人的身体姿势，去感受你的力量、你的承诺、你的行动，你可以创造你的现实……在这个身体姿势里深呼吸，待一会儿。

当你准备好了，我邀请你再往前踏一步，进入1万岁老者的空间。

我邀请你发挥你的想象力，想象你变成一个白发苍苍的、健康的、有智慧的1万岁老者，回顾你的人生……现在，站在有更高意识、更有智慧的年龄，他是怎样呼吸的？他是怎样感受的？他是如何看待你和看待这一段生命旅途的？

在这个地方感受1万岁的老者，他充满着智慧，他走过这么长的一段人生路，站在一个更高维度的智慧空间中，他的能量、他的呼吸、他的表情、他的智慧……在这个地方做出一个身体姿势，代表1万岁老者的智慧的存在……在这个地方静静地感受，待一会儿。

然后，我邀请你做一次呼吸，把这一段旅程，看成一种热身……让你的意识能够安顿下来，调频到一个流动的、好奇的、成为自己的观察者的状态……在每一个不同的地方，每一个不同的年龄去感受、触碰、体验。

当你准备好了，我邀请你慢慢地回到旅程的起点。你向后退3步，回到原来的起点，在这个地方做一次呼吸……

2.回到起点，找到正向意图，进入不同年龄，体验不同的视角如何帮助你达成意图。

你回到旅程的起点，站在门槛之外，我邀请你再一次深呼吸，让你的身心管道打开……心打开……把好奇心带到当下，去好奇，去感受，在未来，在你的生命中最想要的、最有共鸣的一个正向意图是什么？在你的生命中，你最想创造的是什么？

我邀请你花一点儿时间，放下你头脑的思考，只是把呼吸带到你的内在，打开你的心。也许你可以轻轻地把手放在你的心所在的位置，在那里去感受，去连接，问自己一个非常重要的问题："在我的生命中，我最想为我自己创造的是……"

做一次呼吸，把内在共鸣的细小声音带到你的生命中，去感受如果你活出你最想活出的样子，在未来你最想为你创造的是什么？

如果你站在那个梦想成真的地方，你看到什么？你听到什么？你体验到什么？你怎样说话？你怎样呼吸？在未来那个梦想成真的地方，待一会儿，看看那个画面……

做一次呼吸，我邀请你把这个正向的意图说出来："在我的生命中，我最想创造的是……"

然后，你做一次呼吸……用你的身体来表达这个正向意图，用一个身体姿势表达这个梦想成真。在未来你最想实现的意图："在我生命中，我最想创造的是……这个……这个……这个……"

在这个表达意图的身体姿势中做一次呼吸……感受到你在门槛之外，连接上这个有身心共鸣的正向意图，一个美好的画面，让你感觉到充满着激情、热情……从这种感受中往前踏一步，进入孩子的空间。

我邀请你去好奇，去感受，在一个孩子的能量中敞开、流动，跟整个宇宙融合，进入宇宙、大地、河流山川、家庭、社区的场域，任何的地方……像孩子一样去好奇，感受到新鲜、敞开、流动，充满着想象力，有着无限的可能性。

从孩子的能量中去感受、体验、好奇……他如何帮助你创造你最想创造的未来，梦想成真的画面呢？

从孩子的能量中做出代表正向意图的动作……去感受一个孩子流动的、好奇的、充满着想象力的能量如何帮助你梦想成真……在这个空间做出代表正向意图的动作，然后说出来："在我的生命中，我最想创造的是……"

静静地待一会儿，做一次呼吸，感受到新的感受，体验到新的体验，触碰到更多的可能性。

在孩子的这个空间里做一次呼吸……当你准备好了，踏入前面的一个空间，一个成人的空间……从这个地方去感受，一个成人跟孩子之间有怎样的不同。

成人有更多的自我觉察，有更多的资源，有更多的能力，身体也变得不一样了，行动力也变得不一样了。成人能够持续地付出行动，能够专注于自己的目标、承诺，找到一条最棒的路径，帮助自己梦想成真。成人也可以持续地学习，有能力面对问题和挑战，能够从挫败中、卡住的地方重新站起来，再一次朝向生机勃勃的未来。

"在我的生命中，我最想创造的是……"，从这个地方去感受、去呼吸，带着成人的力量、成人的智慧、成人的行动力……去好奇如何从这个地方，帮助你创造你想要的未来，帮助你梦想成真。

带着成人的能量、感受、体验去触碰一个新的未来，做出代表正向意图的身体姿势。从这里去感受，作为一个成人，如何帮助你梦想成真，感受到新的感受，体验到新的体验，学习到新的知识，触碰到更多的可能性。

作为一个成人，你是很棒的……能够持续地为你的梦想行动，是很棒的……你作为一个成人，能够不停地学习、觉察，是很棒的。

做一次呼吸，当你准备好了，我邀请你再向前踏一步，进入一个1万岁老者的空间……连接上一个更有智慧的存在，从这个地方去感受更宽广的视野……去感受一个人的一段生命旅途……有那么多可能性，有着天赋、热情和生命召唤……从这个智慧地方回看这一段人生旅途。

这位1万岁老者是智慧的存在，他会给现在的你怎样的建议？他会带给你怎样的感悟？

更丰富的信息,更高维度的能量,更好的状态,更宽广的视野,这些如何帮助你梦想成真,达成你的正向意图呢?

在这个地方呼吸、感受、连接1万岁老者……或者佛陀、孔子、老子……在这个空间,在智慧的能量中感受着,体验着,一个未来的美好画面……去好奇他们的存在,如何帮助你在未来梦想成真。

"在我的生命中,我最想创造的是……",做一次呼吸,从1万岁智慧老者的能量中,做出一个代表正向意图的身体动作,感受新的体验,触碰新的可能性。

如果你连接上1万岁老者……或者连接上佛陀、孔子、老子……从他们的能量中,你如何学习到新的可能性,帮助你梦想成真呢?在这个地方呼吸、感受、体验,静静地待一会儿。

3. 整合,未来导向,感恩,回归。

我邀请你做一次呼吸,感受你已经走过这一段旅程。
- 从一个孩子的好奇心、创造力中去敞开;
- 从一个成人的持续行动力中去创造;
- 从更高的智慧中获得生命的领悟。

把每一个不同的部分都带进来。也许你可以张开你的双臂,打开你的双手。在你的双手之间,把每一个不同的部分带进来——孩子的流动、好奇心、创造力……成人的承诺、负责任、持续的行动力……1万岁老者,他的顿悟,他的觉悟,他的智慧,他的微笑……在你的双手之间，慢慢地吸收进来、带进来，触碰到你的心……

从你的心做一次呼吸，感受在你的内在，你拥有那么多不同的智慧、能量……孩子的、成人的、1万岁老者的……

当你朝向这一段生生不息的创造性旅途的时候，你可以从他们那里得到贡献，得到领悟，得到力量，得到信息和祝福……每一个不同部分的到来，都是在帮助你朝向这段旅途，帮助你未来梦想成真。

花一点儿时间，为你的内在做一次整合，欣赏这一段学习的旅程，看到未来的改变：我能够把生命中完整的智慧带到生命道路上，像孩子一样去好奇和想象，带着成人的行动力、承诺，还有更宽广的视野，连接上更高维度的智慧……帮助我在我的生命旅途中梦想成真，创造一种新的可能性……我想要的未来，美好的未来……真的是很棒，真的是很棒……

我们能够帮助自己梦想成真，那真的是很棒。邀请你感恩……感恩你内在的智慧，感恩每一个祝福你、爱你的人，跟他们说谢谢，谢谢。

说过谢谢之后，你慢慢地呼吸，当你准备好了，打开眼睛，回到这里。

谢谢你的探索，谢谢你能够连接自己的智慧，这是你为自己做的最棒的一件事，这是你为这个世界，以及你身边的人做的最棒的事。连接你自己，连接你的资源，连接你内在的智慧，在你的生命中创造你想要的未来，这真的是很棒。

请记得，一部分的你，是成熟的成人，知晓如何在社会层面上行动。一部分的你，更情感化、更脆弱、更羞涩，充满好奇。你同时拥有两者。还有一部分的你，比这两者更多，更多……

你不是只卡在一个地方，而是在不同的地方流动，和每一个不同的部分有和谐正向的关系，那就是你能变得真正有创造力的时候，那就是你能变得真正快乐的时候，那就是你能变得真正受欢迎、真正有魅力的时候。